SONY
α6600
微单摄影技巧大全

雷波 编著

化学工业出版社
· 北京 ·

内 容 简 介

本书讲解了SONY α6600微单相机的强大菜单功能、曝光技巧及在各类题材中的实拍技巧等，先学习相机结构、菜单功能，再接着学习曝光功能、器材等方面的知识，最后学习生活中常见的题材拍摄技巧，让读者迅速上手SONY α6600相机。

相信通过本书的学习，读者可以全面掌握SONY α6600相机的拍摄功能，既能拍美图，又能玩转短视频，让你的作品成为朋友圈中亮丽的风景线。

图书在版编目（CIP）数据

SONY α6600微单摄影技巧大全 / 雷波编著. —北京: 化学工业出版社, 2022.4
　　ISBN 978-7-122-40608-8

　　Ⅰ. ①S… Ⅱ. ①雷… Ⅲ. ①数字照相机 – 单镜头反光照相机 – 摄影技术 Ⅳ. ①TB86②J41

中国版本图书馆CIP数据核字(2022)第012276号

责任编辑：王婷婷　孙　炜　　　　　　　装帧设计：王晓宇
责任校对：王鹏飞

出版发行：化学工业出版社　（北京市东城区青年湖南街 13 号　邮政编码 100011）
印　　装：北京宝隆世纪印刷有限公司
710mm×1000mm　1/16　印张11　字数267千字　2022年4月北京第1版第1次印刷

购书咨询：010–64518888　　　　　　　售后服务：010–64518899
网　　址：http://www.cip.com.cn
凡购买本书，如有缺损质量问题，本社销售中心负责调换。

定　　价：89.00 元

前　言

SONY α6600 微单相机是一款 APS-C 画幅的数码微单相机，内置了约 2420 万像素传感器和新一代 BIONZ X 影像处理器，具备 425 相位检测自动对焦点，加入了实时眼部对焦功能，这样可靠的自动对焦使得相机在高速连拍模式下最高可达 11 张 / 秒。在拍摄视频方面，支持拍摄 4K 全高清视频，具有专业的 Vlog 创作功能、快或慢动作视频拍摄功能。集如此多优秀功能于一身的 SONY α6600 微单相机，无论是拍摄照片还是录制视频，都有着超凡的表现。

本书是一本全面解析 SONY α6600 强大功能、实拍设置技巧及各类拍摄题材实战技法的实用书籍，通过实拍测试及精美照片示例展示，具体、形象地展现了官方手册中没讲清楚或没讲到的内容以及抽象的功能。

在相机功能及拍摄参数设置方面，本书不仅针对 SONY α6600 相机的结构、菜单功能以及光圈、快门速度、白平衡、感光度、曝光补偿、测光、对焦、拍摄模式等设置技巧进行了详细的讲解，更附有详细的菜单操作图示，即使是没有任何摄影基础的初学者也能够看懂及使用。

在镜头与附件方面，本书针对数款适合该相机配套使用的高素质镜头进行了详细点评，同时对常用附件的功能、使用技巧进行了深入的解析，以方便各位读者有选择地购买相关的镜头及附件，与 SONY α6600 微单相机配合使用，拍摄出更漂亮的照片。

在实战技术方面，本书通过展示大量精美的实拍照片，深入剖析了使用 SONY α6600 微单相机拍摄人像、风光、动物、建筑等常见题材的技巧，以便读者快速提高摄影水平。

摄影经验与问题的解决方案是本书的亮点之一，本书精选了数位资深摄影师总结出来的关于 SONY α6600 相机的使用经验及技巧，相信它们一定能够帮助广大摄影爱好者少走弯路，感觉身边时刻有"高手点拨"。此外，本书还汇总了摄影爱好者使用 SONY α6600 微单相机时可能会遇到的一些问题、问题的原因及解决方法，相信能够解决许多摄影爱好者遇到问题时求助无门的苦恼。

为了方便及时与笔者交流与沟通，欢迎读者朋友加入光线摄影交流 QQ 群（群 I2：327220740）。关注我们的微博 http://weibo.com/leibobook 或微信公众号"好机友摄影"，或者在"今日头条"APP 中搜索并关注"好机友摄影学院"，可以收取我们每天推送的摄影技巧。此外，还可以通过服务电话及微信号 13011886577 与我们沟通交流摄影方面的问题。

编　者

目　录

第 3 章 必须掌握的基本曝光与对焦设置

第 4 章 灵活使用照相模式拍出好照片

第 5 章 拍出佳片必须掌握的高级技巧

第 6 章 SONY α 6600 微单相机镜头选择与使用技巧

第 7 章 用附件为照片增色的 技巧

第 8 章 人像摄影技巧

第 9 章 风光摄影技巧

第 10 章 昆虫与宠物摄影技巧

第 11 章 建筑摄影技巧

第1章
从机身开始了解
SONY α 6600

SONY α 6600 微单相机
正面结构

❶ 红外遥控传感器

传感器用于接收遥控器信号，因此在使用遥控模式拍摄时，不要遮挡此传感器。

❷ 手柄（电池仓）

在拍摄时用右手持握手柄。该手柄遵循人体工程学的设计，持握起来非常舒适。

❸ 自拍指示灯/ AF 辅助照明

当选择"自拍定时"模式时，按下快门键后此灯会连续闪光进行提示；当拍摄场景的光线较暗时，此灯会亮起以辅助对焦。

❹ 镜头释放按钮

镜头释放按钮用于拆卸镜头。按住此按钮并旋转镜头的镜筒，可以将镜头从机身上取下来。

❺ 卡口

卡口用于安装镜头，并与镜头之间传递距离、光圈、焦距等信息。

❻ 镜头接点

镜头接点用于相机与镜头之间传递信息。将镜头拆下后，请务必装上机身盖，以免刮伤镜头接点。

❼ 镜头安装标志

将镜头上的白色标志与机身上的白色标志对齐，然后旋转镜头，即可完成安装。

❽ 影像传感器

SONY α 6600 微单相机采用了高感光度 APS-C 画幅影像感应器，并具有约 2420 万有效像素，因此能够拍摄到高质量的照片与短片。

SONY α 6600 微单相机
底面结构

❶ 存储卡/电池盖

打开此仓盖后，可拆装电池与存储卡。

❷ 脚架接孔

脚架接孔用于将相机固定在三脚架或独脚架上。安装时，顺时针转动脚架快装板上的旋钮，可以将相机固定在三脚架上或独脚架上。

❸ 存取指示灯

拍摄照片、正在将数据传输到存储卡以及正在记录、读取或删除存储卡上的数据时，该指示灯将会亮起。

SONY α 6600 微单相机
顶面结构

❶ 多接口热靴

多接口热靴用于安装外接闪光灯。安装后，热靴上的触点正好与外接闪光灯上的触点相合。此热靴还可以外接无线闪光灯和安装用于附件插座的附件。

❷ 扬声器

扬声器用于播放声音。

❸ 模式旋钮

模式旋钮用于选择照相模式，包括自动模式、场景选择模式、快或慢动作模式、动态影像、调出存储模式及 P、A、S、M 等模式。使用时，旋转模式旋钮，使想要的模式图标对准左侧的小白线即可。

❹ 控制转盘

转动控制转盘可以选择光圈或快门速度值，在快速导航操作中，转动此转盘可以修改设置。

❺ C2（自定义2）按钮

此按钮为自定义功能 2 按钮，利用"自定义键"菜单中的选项可以为其分配功能。

❻ C1（自定义1）按钮

此按钮为自定义功能 1 按钮，利用"自定义键"菜单中的选项可以为其分配功能。

❼ 快门按钮

半按快门按钮可以开启相机的自动对焦功能，完全按下快门按钮时即可完成拍摄。当相机处于省电状态时，轻按快门按钮可以恢复工作状态。

❽ 电源开关

电源开关用于开启或关闭相机。

SONY α 6600 微单相机
背面结构

❶ 电子取景器

在拍摄时，可通过观察此电子取景器进行取景构图。

❷ 目镜传感器

当摄影师（或其他物体）靠近取景器后，目镜传感器能够自动感应，然后从液晶显示屏状态自动切换成为取景器显示。

❸ 屈光度调节旋钮

对于视力不好又不想戴眼镜拍摄的用户，可以通过屈光度调节旋钮调整屈光度，在取景器中看到清晰的照片。

❹ MENU按钮

MENU 按钮用于启动相机内的菜单功能。在菜单中可以对照片质量、照片效果等功能进行调整。

❺ C3（自定义3）按钮

此按钮为自定义功能 3 按钮，利用"自定义键"菜单中的选项可以为其分配功能。

❻ AF/MF、AEL切换杆

当拨动切换杆至 AF/MF 时，相机为自动对焦和手动对焦模式；当拨动切换杆至 AEL 时，相机为锁定画面整体曝光的状态。

❼ AF/MF按钮、AEL放大按钮

当切换杆被拨至 AF/MF 时，如果当前是自动对焦模式，按住此按钮将暂时变成手动对焦模式；如果当前是手动对焦模式，按住此按钮期间，则暂时变成自动对焦模式，焦点将被固定。当切换杆被拨至 AEL 时，按住此按钮则锁定曝光。此外，在照片播放模式下，按 AEL 按钮可以放大照片。

❽ Fn（功能）发送到智能手机按钮

在拍摄待机时，按 Fn 按钮会显示快速导航界面，使用方向键和控制拨轮可以修改显示的项目；在播放模式下，按此按钮，可以利用无线功能将照片或视频传输至智能手机。

❾ DISP按钮

在默认设置下，每按一次控制拨轮上的 DISP 按钮，将依次改变拍摄信息显示的画面，可以在"DISP 按钮"菜单中，分别设定"显示屏"和"取景器"在按下 DISP 按钮后显示的信息画面。

❿ ISO感光度设置按钮

按下此按钮可以快速进行感光度数值的设置。

⓫ 液晶显示屏

液晶显示屏用于显示菜单、回放和浏览照片、显示光圈、快门速度等各项参数设定。此液晶显示屏可以向上或向下调整为容易观看的角度，从而在任意位置进行拍摄。当"触摸操作"菜单设为"开"选项时，可以以触摸的方式操作此液晶显示屏。

⓬ **拍摄模式按钮**

按此按钮可以选择拍摄模式，如单张拍摄、连拍、自拍或阶段曝光。

⓭ **中央按钮**

中央按钮用于菜单功能选择的确认，类似于其他相机上的 OK 按钮。

⓮ **播放按钮**

按此按钮可以回放拍摄的照片，用控制拨轮的左、右方向键选择照片。按控制拨轮中央按钮可以播放连拍的组图和视频。

⓯ **C4（自定义4）删除按钮**

在"自定义键"菜单中可以为其分配功能。在照片播放模式下，按此按钮可以删除当前所选的照片。

⓰ **曝光补偿/影像索引按钮**

在拍摄时，按下此按钮可以设置曝光补偿；在播放照片时，按下此按钮可以切换至 12 张或 30 张缩略图显示照片的状态。

⓱ **控制拨轮**

通过转动控制拨轮或按控制拨轮的上下左右键可以移动选择框，按中央按钮便会确定所选项目。

SONY α 6600 微单相机
侧面结构

❶ **Multi/Micro USB端子**

Multi/Micro USB 端子可以将 Micro USB 连接线插入此接口和电脑 USB 接口，可将相机连接至电脑；将 USB 连接线连接电源适配器并插入插座，可以为电池充电。

❷ **HDMI 微型插孔**

HDMI 微型插孔用 HDMI 线将相机与电视机连接起来，可以在电视机上查看照片。

❸ **耳机插孔**

将耳机插入此孔，可以从耳机中听取视频声音。

❹ **话筒接口**

如果连接外接话筒，会自动切换到外接话筒状态。如果使用兼容插入式电源的外接话筒，相机将为话筒提供电源。

❺ **充电指示灯**

电池充电期间，此指示灯将亮起。

❻ **N标记**

N 标记表示用于连接相机与启用 NFC 功能的智能手机的接触点。

❼ **MOVIE（视频）按钮**

按此按钮可以录制视频，再次按此按钮结束录制。

SONY α6600 微单相机
取景器显示界面

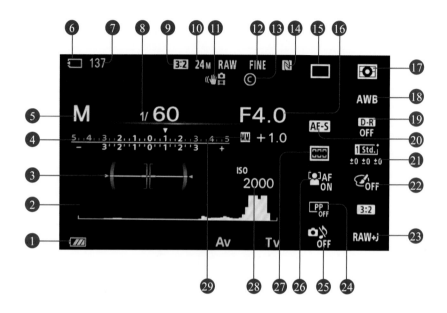

❶ 剩余电池电量	⓫ SteadyShot开启	⓴ 对焦模式
❷ 柱状图	⓬ JPEG影像质量	㉑ 创意风格
❸ 数字水平量规	⓭ 影像存在版权信息	㉒ 照片效果
❹ 曝光指示	⓮ NFC有效	㉓ 文件格式
❺ 照相模式	⓯ 拍摄模式	㉔ 图片配置文件
❻ 存储卡	⓰ 光圈值	㉕ 静音拍摄
❼ 剩余可拍摄影像数	⓱ 测光模式	㉖ AF时人脸/眼睛优先
❽ 快门速度	⓲ 白平衡模式	㉗ 对焦区域
❾ 静止影像的纵横比	⓳ 动态范围优化/自动	㉘ ISO感光度
❿ 静止影像的影像尺寸	HDR	㉙ 手动模式下的曝光指示

第 2 章
初上手一定要学会的菜单设置

控制拨轮的使用方法

控制拨轮及其中央按钮

使用 SONY α6600 微单相机时，可以通过转动控制拨轮快速选择设置选项。例如，在菜单操作中，除了可以按控制拨轮的▼、▲、◀、▶方向键完成选择操作外，还可以通过转动控制拨轮更快速地进行选择。

控制拨轮的中央按钮相当于"确定""OK"按钮，用于确定所选项目。

控制拨轮上的功能按钮

在 SONY α6600 微单相机的控制拨轮上有 4 个功能按钮。

上键为 DISP 显示拍摄内容按钮（DISP），可调整在拍摄或播放状态下显示的拍摄信息。下键为曝光补偿/影像索引按钮（⚡/▦），在拍摄状态下，可以设置曝光补偿；在播放状态下，可以切换为照片索引模式。左键为拍摄模式按钮（⏱/▣），可设置单张拍摄、连拍、自拍定时等拍摄模式。右键为感光度设置按钮（ISO），在拍摄过程中按下此按钮，可快速设置 ISO 感光度数值。

▲ SONY α6600 微单相机的控制拨轮

利用 DISP 按钮切换屏幕显示信息

要使用 SONY α6600 微单相机进行拍摄，必须了解如何查看光圈、快门速度、感光度、电池电量、拍摄模式、测光模式等与拍摄有关的拍摄信息，以便在拍摄时根据需要及时调整这些参数。

按下控制拨轮上的 DISP 按钮，即可显示拍摄信息。每按一次此按钮，拍摄信息就会按默认的显示顺序进行一次切换。

▲ 控制拨轮上的 DISP 按钮

默认显示顺序为：显示全部信息→无显示信息→柱状图→数字水平量规→取景器。

▲ 显示全部信息

▲ 无显示信息

▲ 柱状图

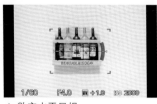

▲ 数字水平量规

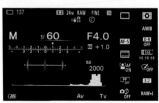

▲ 取景器

菜单的使用方法

SONY α 6600 微单相机的菜单功能非常强大，熟练掌握菜单相关的操作方法，可以帮助我们快速、准确地对相机进行设置。右图展示了机身上与菜单设置相关的功能按钮。

在使用菜单时，可以先按下菜单按钮，在显示屏中就会显示相应的菜单项目，位于菜单上方从左到右有 6 个图标，代表 6 个菜单项目，依次为拍摄设置 1 菜单（📷1）、拍摄设置 2 菜单（📷2）、网络菜单（⊕）、播放菜单（▶）、设置菜单（🧰）及我的菜单（★）。

菜单的基本操作方法如下：

❶ 按▲方向键切换至上方的图标栏，再按◀或▶方向键进行选择，当选择好所需设置的图标后，按▼方向键切换至子序号栏，按◀或▶方向键选择所需序号。

❷ 转动控制拨轮或按▲或▼方向键选择要修改的菜单项目，然后按下控制拨轮中央按钮确定。

❸ 有时按下控制拨轮中央按钮后，将进入其子菜单中，按▲、▼、◀、▶方向键进行详细设置。

❹ 参数设置完毕后，按下控制拨轮中央按钮即可确定参数设置。如果按◀方向键，则返回上一级菜单中，并不保存当前的参数设置。

● 菜单按钮
按下此按钮即可在显示屏中显示菜单项目。

● 控制拨轮
转动控制拨轮或按控制拨轮的上、下、左、右方向键选择所需的菜单命令。在本书中，用"▲、▼、◀、▶"方向键表示控制拨轮的上、下、左、右键。

● 拍摄设置 1 菜单
● 拍摄设置 2 菜单
● 网络菜单
● 播放菜单
● 设置菜单
● 我的菜单

● 控制拨轮中央按钮
用于选择菜单命令或确认当前的设置。

设定步骤

❶ 在上方选择菜单项目及子序号。

❷ 按▲或▼方向键选择要修改的菜单项目，然后按下控制拨轮中央按钮确定。

❸ 按▲或▼方向键选择选项，有些菜单可以直接按◀或▶方向键修改参数。当有些菜单功能有下一步设置界面时，可以按▶方向键进入设置界面，设置完成后按下控制拨轮中央按钮保存。

在显示屏中设置常用参数

快速导航界面是指在任何一种照相模式下，按 Fn（功能）按钮后，在液晶显示屏上显示的用于更改各项拍摄参数的界面。快速导航界面有以下两种显示形式。

当液晶显示屏显示为取景器拍摄画面时，按下 Fn 按钮后显示如下图所示的界面。

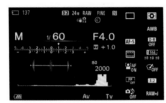

▲ 快速导航界面 1

当液晶显示屏显示为取景器画面以外的其他 5 种显示画面时，按下 Fn 按钮后显示如下图所示的界面。

▲ 快速导航界面 2

两种快速导航界面的详细操作步骤如右侧所示。

设定步骤

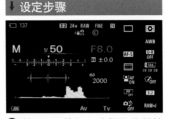

❶ 按 DISP 按钮，选择取景器拍摄画面。

↓

❷ 按 Fn 按钮后显示快速导航界面 1，按▲、▼、◀、▶方向键选择要修改的项目。

↓

❸ 转动控制拨轮选择所需设置的选项，部分功能设置还可以转动控制转盘进行选择，然后按下控制拨轮中央按钮确定。

↓

❹ 在步骤❷中选择好要修改的项目后，按下控制拨轮中央按钮可以进入其详细设置界面，按▲或▼方向键选择所需修改的选项，部分功能还可以通过按◀或▶方向键选择所需设置，然后按控制拨轮中央按钮确定。

设定步骤

❶ 按 DISP 按钮，选择取景器画面以外的显示画面。

↓

❷ 按 Fn 按钮后显示快速导航界面 2，按▲、▼、◀、▶方向键选择要修改的项目。

↓

❸ 转动控制拨轮选择所需设置的选项，部分功能设置还可以转动控制转盘进行选择，然后按下控制拨轮中央按钮确定。

↓

❹ 在步骤❷中选择好要修改的项目后，按下控制拨轮中央按钮可以进入其详细设置界面，按▲或▼方向键选择所需修改的选项，部分功能还可以通过按◀或▶方向键选择所需设置，然后按控制拨轮中央按钮确定。

设置相机显示参数

利用"自动关机开始时间"提高相机的续航能力

在"自动关机开始时间"菜单中，可以控制相机在未执行任何操作时，显示屏保持开启的时间长度。

在"自动关机开始时间"菜单中将时间设置得越短，对节省相机电池的电量越有利，这一点对摄影师在身处严寒的环境中拍摄时显得尤其重要，因为在这样的低温环境中电池的电量会消耗得很快。

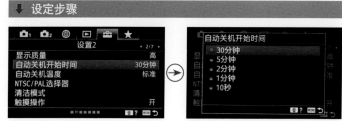

↓ 设定步骤

❶ 在**设置 2 菜单**中选择**自动关机开始时间**选项。

❷ 按▲或▼方向键选择一个时间选项，然后按控制拨轮中央按钮确定。

利用网格轻松构图

SONY α6600 微单相机的"网格线"功能可以为我们进行精确构图提供极大的便利，如进行严格的水平线或垂直线构图等。此菜单功能包含"三等分线网格""方形网格""对角＋方形网格"和"关"4 个选项。例如，在拍摄中采用黄金分割法构图时，就可以选择"三等分线网格"选项来辅助构图。

↓ 设定步骤

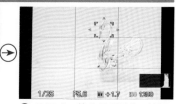

❶ 在**拍摄设置 2 菜单**的第 6 页中，选择**网格线**选项，然后按控制轮中央按钮确定。

❷ 按▲或▼方向键选择一个网格线选项，然后按控制拨轮中央按钮确定。

❸ 显示"三等分线网格"时的取景画面状态。

- 三等分线网格：选择此选项，画面会被分成三等份，呈现井字形。在使用时，只需将被摄主体安排在任意一条网格附近，即可形成良好的三分法构图。
- 方形网格：选择此选项，画面中会显示较多的网格线，在拍摄时更容易确认构图的水平程度，例如在拍摄风光、建筑时，较多的网格线可以辅助摄影者快速、灵活地进行构图。
- 对角＋方形网格：选择此选项，画面中会显示网格线加对角线。这种网格线类型，可以使画面更生动活泼，尤其是在使用斜线、对角线构图方式时，开启此功能可以使构图更精确。
- 关：选择此选项，则画面中不会显示网格线。

设置 DISP 按钮

在拍摄状态下按 DISP 按钮，可在液晶显示屏或取景器中设置显示不同的拍摄信息。在"拍摄设置 2 菜单"的"DISP 按钮"菜单中，可以勾选按 DISP 按钮时所显示的拍摄信息选项，拍摄时浏览这些拍摄信息，可以快速判断是否需要调整拍摄参数。下面展示了在"DISP 按钮"菜单中勾选所有拍摄信息选项时，多次按 DISP 按钮后，依次显示不同信息的显示屏幕。

设定步骤

❶ 在**拍摄设置 2 菜单**的第 6 页中，选择 **DISP 按钮**选项。

❷ 按▼或▲方向键选择**显示屏**或**取景器**选项。

❸ 按▲、▼、◀、▶方向键选择所需要显示的选项，然后按控制拨轮中央按钮添加勾选标志，勾选完成后选择**确定**选项并按控制拨轮中央按钮确定。

图形显示 以图形的方式显示拍摄信息（快门速度与光圈大小）。

显示全部信息 选择此选项，将显示完整的拍摄信息。

无显示信息 不显示拍摄信息，选择此选项时，仅在底部显示快门速度、光圈、曝光值、感光度等简单的信息。

柱状图 在画面右下角出现柱状图，以图形方式显示亮度分布，并包含快门速度、曝光补偿、感光度等主要拍摄信息。

数字水平量规 画面中出现水平轴，指示相机是否在前后左右方向均处于水平位置。当指示线变为绿色时，代表相机在垂直和水平方向上都处于水平状态。

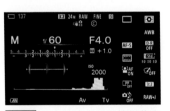

取景器 仅在画面上显示拍摄信息（没有影像）。在使用电子取景器拍摄时最适合选择此项。

如果在播放照片状态下按DISP按钮,依次可出现"显示信息""柱状图""无显示信息"3种信息显示屏幕。

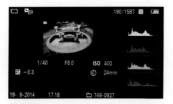

显示信息 选择此选项,将显示照片的拍摄信息,如快门速度、光圈、照片大小、感光度、拍摄时间等简单信息。

柱状图 选择此选项,将显示照片详细拍摄信息,右侧显示亮度和RGB柱状图,当照片中的高光区域过度时,还会以黑色闪烁进行提示。

无显示信息 不显示拍摄信息,全屏幕显示照片。

设置实时取景显示以显示预览效果

在液晶显示屏取景模式下,当改变曝光补偿、白平衡、创意风格或照片效果时,通常可以在显示屏中即刻观察到这些设置的改变对照片的影响,以正确评估照片是否需要修改或如何修改这些拍摄设置。

但如果不希望这些拍摄设置影响液晶显示屏中显示的照片,可以使用"实时取景显示"选项关闭此功能。

● 设置效果开:选择此选项,则在修改拍摄设置时,液晶显示屏将即刻显示出该设置对照片的影响。

● 设置效果关:选择此选项,则在改变拍摄设置时,液晶显示屏中的照片将无变化。

▶ 初学者在拍摄时应该尽量开启"实时取景显示"功能,以便在改变拍摄参数后,可以从液晶显示屏中观察到照片的变化。『焦距:70mm;光圈:F8;快门速度:15s;感光度:ISO200』

设定步骤

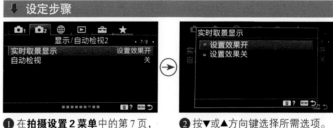

❶ 在拍摄设置2菜单中的第7页,选择实时取景显示选项。

❷ 按▼或▲方向键选择所需选项。

▲ 修改白平衡前的拍摄效果。

▲ 修改白平衡后的拍摄效果。

设置相机控制参数

设置自动切换取景器与显示屏

SONY α6600 微单相机的 "FINDER/MONITOR" 菜单功能可以检测到拍摄者正在通过取景器拍摄，还是通过液晶显示屏拍摄，从而选择在取景器与液晶显示屏之间切换。

● 自动：选择此选项，当摄影师通过取景器观察时，会自动切换到取景器中显示画面的状态；当不再使用取景器时，又会自动切换回液晶显示屏显示画面的状态。

● 取景器（手动）：选择此选项，液晶显示屏被关闭，照片将在取景器中显示，适合在剩余电量较少时使用。

● 显示屏（手动）：选择此选项，则关闭取景器，而在液晶显示屏中显示照片。

 高手点拨：选择 "取景器" 选项时，液晶显示屏将被关闭，按任何键或重启相机都不能激活液晶显示屏。此时，如要设置菜单、浏览照片只能在取景器中进行。通常情况下，建议设置为 "自动"，例如拍摄的照片需要精确对焦时，既需要通过液晶显示屏来仔细查看对焦情况，又要通过取景器取景拍摄，自动切换显示就会很方便。

❶ 在**拍摄设置2菜单**的第6页中，选择 FINDER/MONITOR 选项。

❷ 按▼或▲方向键选择一个选项。

注册功能菜单项目

快速导航界面2中所显示的拍摄参数项目，可以在 "拍摄设置2菜单" 中的 "功能菜单设置" 进行自定义注册。在此菜单中，可以将自己在拍摄时常用的拍摄参数注册在导航界面中，以便于在拍摄时快速改变这些参数。

右侧展示了笔者注册 "DRO/自动 HDR" 功能的操作步骤及注册后的快速导航界面2。

❶ 在**拍摄设置2菜单**的第8页中，选择**功能菜单设置**选项。

❸ 按◀或▶方向键选择列表页，按▲或▼方向键选择要注册的项目选项，然后按控制拨轮中央按钮确定。

❷ 按▲、▼、◀、▶方向键选择要注册项目的位置序号，然后按控制拨轮中央按钮确定。

❹ 注册后的项目在快速导航画面2上显示的效果。还可以按此方法注册其他功能。

为按钮注册自定义功能

SONY α6600 微单相机可以根据个人的操作习惯或临时的拍摄需求，为 C1 按钮、C2 按钮、C3 按钮、C4 按钮、AF/MF 按钮、AEL 按钮、Fn/按钮、控制拨轮中央按钮、▼方向键、◀方向键、▶方向键指定不同的功能，这进一步方便了我们指定并操控相机的自定义功能。

SONY α6600 微单相机可以分别在静态照片拍摄时、动画拍摄时和播放时自定义按钮的功能，如果要重新定义上述按钮的功能，可以按下方的步骤操作。当注册完按钮的功能以后，在拍摄时，只需按下设置过的按钮，即可显示所注册功能的参数选择界面。例如，对于 C1 按钮而言，如果当前注册的功能为对焦区域，那么当按下 C1 按钮时，则可以显示对焦区域选项。

▲ 各个按钮在相机上的位置

设定步骤

❶ 在**拍摄设置 2 菜单**的第 8 页中，选择**自定义键**选项。

❷ 按◀或▶方向键选择按钮列表界面，然后按▲或▼方向键选择要注册功能的按钮。

❸ 按◀或▶方向键切换显示选项界面，按▼或▲方向键选择要注册的功能，然后按控制拨轮中央按钮确定。

SONY α6600 微单相机通过"自定义键"菜单，可以注册各个按钮在录制视频时的功能，可注册的按钮与静态拍摄时的一样，但功能选项会有所不同，会增加一些与录制相关的功能选项，摄影师根据自身拍摄需求注册即可。在播放照片时，SONY α6600 微单相机通过"自定义键"菜单为 Fn/按钮、C1 按钮、C2 按钮和 C3 按钮设定按下它们时所执行的操作。例如，如果将 C3 按钮注册为"保护"，则在播放照片时，按 C3 按钮就可以保护所选择的照片。

设定步骤

❶ 在**拍摄设置 2 菜单**的第 8 页中选择**自定义键**选项。

❷ 按◀或▶方向键选择按钮列表界面，然后按▲或▼方向键选择要注册功能的按钮。

❸ 按◀或▶方向键切换显示选项界面，按▼或▲方向键选择要注册的功能，然后按控制拨轮中央按钮确定。

设置拍摄控制参数

根据拍摄题材设定创意风格

简单来说，创意风格就是相机依据不同拍摄题材的特点而进行的一些色彩、锐度及对比度等方面的校正。例如，在拍摄风光题材时，可以选择色彩较为艳丽、锐度和对比度都较高的"风景"创意风格，使拍摄出来的风景照片的细节看上去更清晰，色彩看上去更浓郁。也可以根据需要手动设置自定义的创意风格，以满足拍摄者个性化的需求。

"创意风格"菜单用于选择适合拍摄对象或拍摄场景的风格，包含13种预设创意风格，下面将分别讲解各创意风格选项的作用。

- 标准：此创意风格是最常用的照片风格，使用该创意风格拍摄的照片画面清晰，色彩鲜艳、明快。
- 生动：此创意风格会增强图片的饱和度与对比度，用于拍摄具有丰富色彩的场景和被摄体（如花朵、春绿、蓝天、海景）。
- 中性：此创意风格适合偏爱使用计算机图像处理的摄影师，由于饱和度及锐度被减弱，所以使用该创意风格拍摄的照片色彩较为柔和、自然。
- 清澈：此创意风格用于捕捉高亮区域具有透明色彩和清晰色调的照片，适合拍摄闪闪发光的画面。
- 深色：此创意风格对于深沉的色彩具有较强的表现力，适合拍摄色彩较深沉的被摄体。
- 轻淡：此创意风格对于明亮而简单的色彩具有较强的表现力，适合拍摄清爽的亮光环境。
- 肖像：使用此创意风格拍摄人像时，人物的皮肤会显得更加柔和、细腻。
- 风景：此创意风格会增强画面的饱和度、对比度和锐度，用于拍摄生动鲜明的场景。
- 黄昏：此创意风格适合拍摄日落时分的美丽晚霞。
- 夜景：此创意风格会降低画面的对比度，适合拍摄更加贴近真实景色的夜景。
- 红叶：此创意风格适合拍摄秋景，能够突出鲜明的红色及黄色树叶的色彩。
- 黑白：此创意风格用于拍摄黑白单色调照片。
- 棕褐色：此创意风格用于拍摄棕褐色单色调照片。

❶ 在**拍摄设置1菜单**的第11页中，选择**创意风格**选项。

❷ 按▲或▼方向键选择所需的创意风格，如果不需要修改，可以按控制拨轮中央按钮确定。

❸ 按▶方向键则可以编辑所选的创意风格参数，按◀或▶方向键选择要调整的选项，按▲或▼方向键选择调整的数值，然后按控制拨轮中央按钮确定。

设定照片效果使照片更加个性化

虽然现在使用后期处理软件可以很方便地为照片添加各种效果，但考虑到有一些摄影师并不习惯使用电脑上的后期处理软件，因此 SONY α6600 提供了能够为照片添加多种滤镜效果的"照片效果"功能，使用此功能，可以直接拍出具有玩具相机、流行色彩、复古照片、局部彩色、柔焦等效果的个性照片。

📍 设定步骤

❶ 在**拍摄设置 1 菜单**的第 11 页中，选择**照片效果**选项。

❷ 按▼或▲方向键选择所需模式，当该选项能够进行详细设定时，按◀或▶方向键进行选择。

● 关：选择此选项，则关闭"照片效果"功能。

▼ 复古照片：选择此选项，将通过给照片加上褐色调且减少对比度来制造旧照片的感觉。

▼ 流行色彩：选择此选项，将通过增加饱和度来强调画面色调，使画面更加生动。

▼ 柔光亮调：选择此选项，可以选择明亮、透明、缥缈、轻柔、柔和氛围来编辑照片，比较适合拍摄唯美人像。

▼ 玩具相机：选择此选项，将产生四角暗淡且色彩鲜明的玩具相机照片效果。按◀或▶方向键设定色调，可以选择标准、冷色、暖色、绿色和品红色 5 个色调选项。

▼ 色调分离：选择此选项，将产生强调原色或使用黑白色来创建高对比度且抽象的效果。按◀或▶方向键可以选择黑白或彩色选项。

▼ 局部彩色：选择此选项，将创建保留所选择的色彩，而画面其他颜色转变为黑白的照片。按◀或▶方向键可选择红色、绿色、蓝色和黄色 4 个颜色选项。

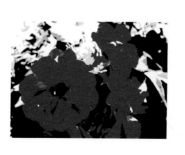

▼ 强反差单色：选择此选项，将呈现对比度强烈的黑白照片。

▼ 丰富色调黑白：选择此选项，将通过连拍3张照片来合成一张具有丰富细节的黑白照片。

拍摄前登记人脸

注册"人脸登记"菜单后，当使用"人脸检测"功能拍摄时，相机将优先对焦拍摄的人脸。在此菜单中，最多可以登记8张人脸，在登记时，被登记的人需正面朝向相机镜头。如果脸被帽子、口罩、太阳镜等饰物遮挡，则可能无法注册和登记。

登记了多张人脸时，还可以在"交换顺序"中，调整拍摄时优先检测到的人脸的顺序。

设定步骤

❶ 在**拍摄设置1菜单**的第14页中，选择**人脸登记**选项。

❷ 按▲或▼方向键选择**新登记**选项。

❸ 提示"对准脸框拍摄"，此时对准要登记的人脸，按下快门拍摄一张照片以进行登记。

登记的人脸优先

开启此功能将在拍摄时优先对焦在"人脸登记"中登记的人脸。选择"关"选项，则对焦时不优先对焦于已登记的人脸。

设定步骤

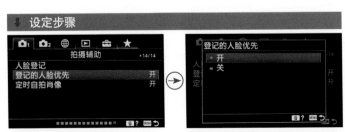

❶ 在**拍摄设置1菜单**中第14页，选择**登记的人脸优先**选项。

❷ 按▲或▼方向键选择**开**或**关**选项。

设置影像存储参数

格式化存储卡

"格式化"功能用于删除储存卡中的全部数据。一般在新购买储存卡后，都要对其进行格式化处理。在格式化之前，务必根据需要进行备份，或确认卡中已不存在有用的数据，以免由于误删而造成难以挽回的损失。

❶ 选择**设置菜单 5** 中的**格式化**选项。

❷ 按▲或▼方向键选择**确定**选项，然后按控制拨轮中央按钮确定。

 高手点拨：虽然在互联网上能够找到许多数据恢复软件，如 Finaldata、EasyRevovery等，但实际上要恢复被格式化的存储卡上的所有数据，仍然有一定的困难。而且即使有部分数据被恢复出来，也有可能存在文件无法被识别、文件名出现乱码的情况，因此不可抱有侥幸心理。

无存储卡时释放快门

如果忘记为相机装存储卡，无论你多么用心拍摄，最终一张照片也留不下来，白白浪费时间和精力。利用"无存储卡时释放快门"菜单可防止未安装储存卡而进行拍摄的情况出现。

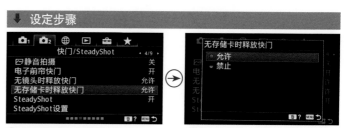

❶ 在**拍摄设置2菜单**的第 4 页中，选择**无存储卡时释放快门**选项。

❷ 按▲或▼方向键选择**允许**或**禁止**选项。

 高手点拨：为了避免操作失误而错失拍摄良机，建议将该选项设置为"禁止"。

● 允许：选择此选项，未安装储存卡时仍然可以按下快门，但照片无法被存储。

● 禁止：选择此选项，如果未安装储存卡时想要按下快门，快门按钮无法被按下。

设置文件存储格式

在 SONY α6600 微单相机中，可以利用"文件格式"选项设置所拍摄照片的存储格式，其中包括 RAW、RAW&JPEG、JPEG 3 个选项。

RAW 并不是某个具体的文件格式，而是一类文件格式的统称，是指数码相机专用的文件存储格式，用于记录照片的原始数据，如相机型号、快门速度、光圈、白平衡等。在 SONY α6600 中，RAW 格式文件的扩展名为 .arw，这也是目前所有索尼相机统一的 RAW 文件格式扩展名。

如果选择"RAW&JPEG"选项，则表示同时存储下 RAW 和 JPEG 格式的照片。

JPEG 是最常用的图像文件格式，能够通过压缩的方式去除冗余的图像数据，在获得极高压缩率的同时，又可以展现十分丰富、生动的图像，且兼容性好，广泛应用于网络发布、照片洗印等领域。

 高手点拨：如果Photoshop软件无法打开使用SONY α6600微单相机拍摄并保存的扩展名为.arw的RAW格式文件，则需要升级Adobe CameraRaw插件。该插件会根据新发布的相机型号，及时地推出更新升级包，以确保能够打开使用各种相机拍摄的RAW格式文件。

Q：什么是 RAW 格式文件？

A：简单地说，RAW 格式文件就是一种数码照片文件格式，包含数码相机传感器未处理的图像数据，相机不会处理来自传感器的色彩分离的原始数据，仅将这些数据保存在存储卡中。

这意味着相机将（所看到的）全部信息都保存在图像文件中。采用 RAW 格式拍摄时，数码相机仅保存 RAW 格式图像和 EXIF 信息（相机型号、所使用的镜头、焦距、光圈、快门速度等），摄影师设定的相机预设值或参数值（例如对比度、饱和度、清晰度和色调等）都不会影响所记录的图像数据。

Q：使用 RAW 格式拍摄的优点有哪些？

A：使用 RAW 格式拍摄有如下优点：

● 可将相机中的许多文件后期工作转移到计算机上进行，从而可进行更细致的处理，包括白平衡、高光区、阴影区调节，以及清晰度、饱和度控制。对于非 RAW 格式文件而言，由于在相机内处理图像时，已经应用了白平衡设置，因此画质会有部分损失。

● 可以使用最原始的图像数据（直接来自传感器），而不是经过处理的信息，这毫无疑问将得到更好的画面效果。

① 在**拍摄设置1菜单**的第1页中，选择**文件格式**选项。

② 按▲或▼方向键选择所需的选项。

● 可在计算机上以不同的幅度增加或减少曝光值，从而在一定程度上纠正曝光不足或曝光过度。但需要注意的是，这无法从根本上改变照片欠曝或过曝的情况。

Q：后期处理能够调整照片高光中极白或阴影中极黑的区域吗？

A：虽然以 RAW 格式存储的照片，可以在后期软件中对超过标准曝光 ±2 挡的画面进行有效修复，但是对于照片中高光处所出现的极白或阴影处所出现的极黑区域，即使使用最好的后期软件也无法恢复其中的细节，因此，在拍摄时要尽可能地确定好画面的曝光量，或通过调整构图，使画面中避免出现极白或极黑的区域。

设置 JPEG 影像质量

当在"文件格式"中将选项设置为"RAW&JPEG"和"JPEG"两个选项时，可以通过"JPEG 影像质量"菜单来设置 JPEG 格式照片的影像质量。

菜单中包含有"超精细""精细""标准"3 个选项，照片压缩率从小到大依次为"超精细""精细""标准"。一般情况下，建议使用"超精细"格式进行拍摄，这样不仅可以提供更

设定步骤

❶ 在**拍摄设置 1 菜单**的第 1 页中，选择 **JPEG 影像质量**选项。

❷ 按▲或▼方向键选择所需的选项。

高的影像质量，而且后期处理的效果也会更好；在高速连拍（如体育摄影）或需大量拍摄（如旅游纪念、纪实）时，"标准"格式是最佳选择。

根据用途及存储空间设置图像尺寸

图像尺寸直接影响着最终输出照片的大小，通常情况下，只要存储卡空间足够，那么就建议使用大尺寸，以便于在计算机上通过后期处理软件对照片进行二次构图处理。

另外，如果照片用于印刷、洗印等，也推荐使用大尺寸存储。如果只是用于网络发布、简单地记录或在存储卡空间不足时，则可以根据情况选择较小的尺寸。

设定步骤

❶ 在**拍摄设置 1 菜单**的第 1 页中，选择 **JPEG 影像尺寸**选项。

❷ 按▲或▼方向键选择照片的尺寸。

Q：对于数码相机而言，是不是像素数量越高画质越好？

A：很多摄影师喜欢将相机的像素数量与成像质量联系在一起，认为像素越高则画质就越好，而实际情况可能正好相反。更准确地说，就是在数码相机感光元件面积确定的情况下，当相机的像素量达到一定数值后，像素数量越高，则成像质量可能会越差。

究其原因，就要引出像素密度的概念。简单来说，像素密度即指在相同大小感光元件上的像素数量，像素数量越多，则像素密度就越高。直观地理解就是将感光元件分割为更多的块，每一块代表一个像素，随着像素数量的继续增加，感光元件被分割为越来越小的块，当这些块小到一定程度后，可能会导致通过镜头投射到感光元件上的光线变少，并产生衍射等现象，最终导致画面质量下降。

因此，对于数码相机而言，不能一味地追求超高像素。

设置照片的纵横比

纵横比是指照片高度与宽度的比例。通常情况下，标准的纵横比为 3：2。

如果希望拍摄出适合在宽屏计算机显示器或高清电视上查看的照片，可以将纵横比设置为 16：9。

使用 1：1 的纵横比拍摄出来的画面是正方形的，当需要使用方画幅来表现主体或拍摄用于网络头像的照片时适合使用此纵横比。

⬇ 设定步骤

❶ 在**拍摄设置 1 菜单**的第 1 页中，选择**纵横比**选项。

❷ 按▲或▼方向键选择所需的纵横比选项。

▲ 使用 3：2 纵横比拍摄的照片，虽然使用同样的焦距，但画面的视觉效果与 16：9 纵横比的照片相比较为普通。

▲ 使用 16：9 纵横比拍摄的照片，画面的空间感更强，利于强调场景的纵深感和空间感。

 高手点拨：照片的纵横比与构图的关系密切，不同的纵横比会使画面呈现出不同的效果，灵活使用纵横比可以使构图更完美。例如，在使用广角镜头拍摄风光照片时，使用16：9纵横比拍摄的照片明显要比使用3：2纵横比拍摄的照片显得更加宽广和深邃。

▲ 使用 16：9 纵横比拍摄的风光图，视觉上更为宽广。『焦距：15mm；光圈：F13；快门速度：1/20s；感光度：ISO200 』

随拍随赏——拍摄后查看照片

回放照片的基本操作

　　在回放照片时，我们可以进行放大、缩小、显示信息、前翻、后翻及删除照片等多种操作，下面就通过图示来说明回放照片的基本操作方法。

按放大按钮可以放大照片，转动控制拨轮可以调整放大倍率，按▲、▼、◀、▶方向键可移动查看放大的照片局部，按控制拨轮中央按钮则结束放大显示。

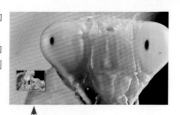

❶ 显示具体信息

连续按 DISP 按钮，可以循环显示拍摄信息。

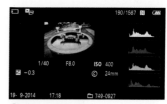

❷ 显示柱状图

按▶按钮，即可开始浏览照片。

按照片索引按钮，可以显示照片索引，转动控制拨轮或按控制拨轮上的方向键可选择照片。

按🗑按钮，再按▲方向键选择删除选项，然后按控制拨轮中央按钮，即可删除所选照片。

❸ 无显示信息

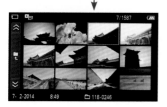

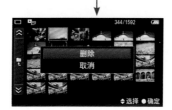

Q：无法播放影像怎么办？

A：在相机中回放影像时，出现无法播放影像的情况，可能有以下几个原因：

● 存储卡没有完全插入相机。

● 在计算机上更改过文件夹或文件的名称。

● 存储卡中的图像已被导入计算机并进行了编辑处理，然后又保存到存储卡中。

● 正在尝试回放非本相机拍摄的图像。

● 存储卡出现故障。

设置影像索引

随着摄影时代的到来，存储卡的容量越来越大，一张存储卡可以保存成千上万张照片，如果按逐张浏览的方式寻找所需要的照片，无疑耗时费力，还会大大消耗电池的电量。

在播放模式下，按相机上的照片索引按钮█，即可切换为照片索引观看模式，以便快速浏览寻找照片。在这种观看模式下，一屏可以显示 12 张或 30 张照片，这个数量可以通过"影像索引"菜单进行设置。

❶ 在**播放菜单 3** 中选择**影像索引**选项。

❷ 按▲或▼方向键选择 **12 张影像**或 **30 张影像**选项，然后按控制拨轮中央按钮确定。

▲ 12 张照片的索引显示效果。

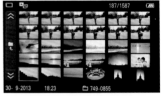

▲ 30 张照片的索引显示效果。

设置自动检视

为了方便在拍摄后立即查看拍摄效果，可以在"自动检视"菜单中设置拍摄后在液晶显示屏上自动显示照片的时间长度。

在拍摄环境变化不大的情况下，我们只是在刚开始拍摄做一些简单的参数调试并拍摄样片时，需要反复地查看拍摄到的样片是否满意，而一旦确认了曝光、对焦方式等参数后，则不必每次拍摄后都显示并查看照片，此时，也可以通过此菜单来关闭照片回放的操作。

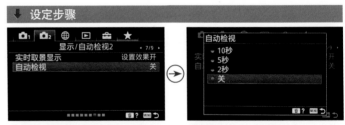

❶ 在**拍摄设置 2 菜单**的第 7 页中，选择**自动检视**选项。

❷ 按▲或▼方向键选择显示的时间或关选项。

●2 秒 /5 秒 /10 秒：选择不同的选项，可以设置相机显示照片的时长为 2 秒、5 秒或 10 秒，按█按钮可以放大照片。

●关：选择此选项，拍摄完成后相机不会自动显示照片，液晶显示屏会即刻回到拍摄画面。

图像显示旋转

"显示旋转"菜单用于控制在播放照片时是否旋转竖拍照片，以便摄影师更加方便地查看。该菜单包含"自动""手动"和"关"3 个选项。

● 自动：选择此选项，在显示屏中显示照片时，竖拍照片将被自动旋转为竖直方向。

● 手动：选择此选项，则竖拍的照片以竖向显示。但如果使用"旋转"操作手动调整了某些照片的旋转方向，则这些照片维持原旋转方向不变。

● 关：选择此选项，竖拍照片将以横向方向显示。

❶ 在**播放菜单3**中选择**显示旋转**选项。

❷ 按▲或▼方向键选择一个选项。

▲ 选择"关"选项时，竖拍照片的显示状态。

▲ 选择"自动"选项时，竖拍照片的显示状态。

 高手点拨：虽然，在此功能处于"自动"状态下预览照片时，无须旋转相机即可查看竖画幅照片，但由于竖画幅的照片会被缩小显示，因此如果想要查看照片的细节，这种显示方式可能并不适合。

▶一般人像照片无须仔细查看细节，可以选择"自动"选项，回看照片时能够省去旋转的操作，也符合人们的观看习惯。『焦距：35mm；光圈：F3.5；快门速度：1/100s；感光度：ISO100』

第 3 章
必须掌握的基本
曝光与对焦设置

调整光圈控制曝光与景深

光圈的结构

光圈是相机镜头内部的一个组件。它由许多金属薄片组成，金属薄片不是固定的，通过改变它的开启程度可以控制进入镜头光线的多少。光圈开启得越大，通光量就越多；光圈开启得越小，通光量就越少。摄影师可以仔细观察镜头在选择不同光圈时叶片大小的变化。

 高手点拨：虽然光圈数值是在相机上设置的，但其可调整的范围却是由镜头决定的，即镜头支持的最大及最小光圈，就是在相机上可以设置的上限和下限。镜头可支持的光圈越大，则在同一时间内就可以吸收更多的光线，从而允许我们在更暗的环境中进行拍摄——当然，光圈越大的镜头，其价格也越贵。

▲ 从镜头的底部可以看到镜头内部的光圈金属薄片。

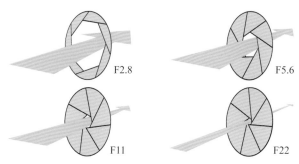

F2.8　　　　F5.6

F11　　　　F22

▲ 光圈是控制相机通光量的装置，光圈越大（F2.8），通光量越多；光圈越小（F22），通光量越少。

▲ E 18-200mm
F3.5-6.3 OSS

▲ E 50mm F1.8
OSS

▲ FE 70-200mm F4 G
OSS

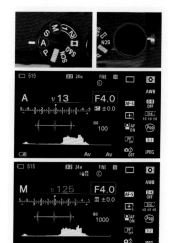

▲ 操作方法

旋转模式旋钮至光圈优先模式或手动模式。在光圈优先模式下，可以转动控制转盘或控制拨轮来选择不同的光圈值；而在手动模式下，可以转动控制转盘来调整光圈值。

在上面展示的 3 款镜头中，E 50mm F1.8 OSS 是定焦镜头，其最大光圈为 F1.8；FE 70-200mm F4 G OSS 为恒定光圈的变焦镜头，无论使用哪一个焦段进行拍摄，其最大光圈都能够达到 F4；E 18-200mm F3.5-6.3 OSS 是浮动光圈的变焦镜头，当使用镜头的广角端（18mm）拍摄时，最大光圈可以达到 F3.5，而当使用镜头的长焦端（200mm）拍摄时，最大光圈只能够达到 F6.3。

当然，上述 3 款镜头也均有最小光圈值，例如，FE 70-200mm F4 G OSS 的最小光圈为 F22，E 18-200mm F3.5-6.3 OSS 的最小光圈与其最大光圈同样是一个浮动范围（F22 ~ F40）。

光圈值的表现形式

光圈值用字母 F 或 f 表示，如 F8（或 f/8）。常见的光圈值有 F1.4、F2、F2.8、F4、F5.6、F8、F11、F16、F22、F32、F36 等，光圈每递进一挡，光圈口径就会缩小一部分，通光量也随之减半。例如，F5.6 光圈的进光量是 F8 的两倍。

当前我们所见到的光圈数值还有 F1.6、F1.8、F3.5 等，但这些数值不包含在正级数之内，这是因为各个镜头厂商为了让摄影师可以更精确地控制曝光量，从而设计了 1/3 级或者 1/2 级的光圈。当光圈以 1/3 级进行调节时，则会出现如 F1.6、F1.8、F2.2、F2.5 等光圈数值；当光圈以 1/2 级进行调节时，则会出现 F3.5、F4.5、F6.7、F9.5 等光圈数值。读者可以通过相机中"曝光步级"选项中进行设置，若选择"0.5 段"即以 1/2 级进行光圈控制；若选择"0.3"段，即以 1/3 级进行光圈控制。

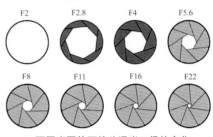

▲ 不同光圈值下镜头通光口径的变化

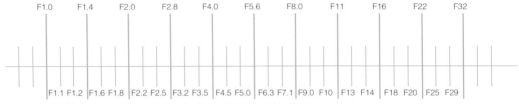

▲ 光圈级数刻度示意图，上排为光圈正级数，下排为光圈副级数。

光圈对成像质量的影响

通常情况下，摄影师都会选择比镜头最大光圈小一至两挡的中等光圈，因为大多数镜头在中等光圈下的成像质量是最优秀的，照片的色彩和层次都能有更好的表现。例如，一只最大光圈为 F2.8 的镜头，其最佳成像光圈是 F5.6 ~ F8。另外，也不能使用过小的光圈，因为过小的光圈会使光线在镜头中产生衍射效应，导致画面质量下降。

Q：什么是衍射效应？

A：衍射是指当光线穿过镜头光圈时，光在传播的过程中发生弯曲的现象。光线通过的孔隙越小，光的波长越长，这种现象就越明显。因此，在拍摄时，光圈收得越小，在被记录的光线中衍射光所占的比例就越大，画面的细节损失就越多，画面就越不清楚。衍射效应对 APS-C 画幅数码相机和全画幅数码相机的影响程度稍有不同，通常 APS-C 画幅数码相机在光圈收小到 F11 时，就能发现衍射效应对画质产生了影响；而全画幅数码相机在光圈收小到 F16 时，才能够看到衍射效应对画质产生了影响。

▲ 使用镜头最佳光圈拍摄时，所得到的照片画质最理想。『焦距：18mm；光圈：F11；快门速度：1/250s；感光度：ISO200』

光圈对曝光的影响

如前所述，在其他参数不变的情况下，光圈增大一挡，则曝光量增加一倍，如光圈从 F4 增大至 F2.8，即可增加一倍的曝光量；反之，光圈减小一挡，则曝光量也随之减少一半。换言之，光圈开得越大，通光量就越多，所拍摄出来的照片也越明亮；光圈开得越小，通光量就越少，所拍摄出来的照片也越暗淡。

下面是一组在焦距为 35mm、快门速度为 1/20s、感光度为 ISO200 的特定参数下，只改变光圈值拍摄的照片。

▲ 光圈：F10   ▲ 光圈：F9   ▲ 光圈：F8

▲ 光圈：F7.1   ▲ 光圈：F6.3   ▲ 光圈：F5.6

▲ 光圈：F5   ▲ 光圈：F4.5   ▲ 光圈：F4

▲ 光圈：F3.5   ▲ 光圈：F3.2   ▲ 光圈：F2.8

通过这一组照片可以看出，在其他曝光参数不变的情况下，随着光圈逐渐变大，进入镜头的光线不断增多，因此所拍摄出来的画面也逐渐变亮。

理解景深

简单来说，景深即指对焦位置前后的清晰范围。清晰范围越大，即表示景深越大；反之，清晰范围越小，即表示景深越小，画面的虚化效果就越好。

景深的大小与光圈、焦距及拍摄距离这3个要素密切相关。当拍摄者与被摄对象之间的距离非常近时，或者使用长焦距或大光圈拍摄时，都能得到对比强烈的背景虚化效果；反之，当拍摄者与被摄对象之间的距离较远，或者使用小光圈或较短焦距拍摄时，画面的虚化效果就会较差。

另外，被摄对象与背景之间的距离也是影响背景虚化的重要因素。例如，当被摄对象距离背景较近时，即使使用F1.8的大光圈也不能得到很好的背景虚化效果；但被摄对象距离背景较远时，即使用F8的小光圈，也能获得较明显的虚化效果。

▲ 拍摄要素与景深的关系

Q：景深与对焦点的位置有什么关系？

A：景深是指照片中某个景物清晰的范围。即当摄影师将镜头对焦于某个点并拍摄后，在照片中与该点处于同一平面的景物都是清晰的，而位于该点前方和后方的景物则由于没有对焦，因此都是模糊的。但由于人眼不能精确地辨别焦点前方和后方出现的轻微模糊，因此这部分图像看上去仍然是清晰的，这种清晰会一直在照片中向前、向后延伸，直至景物看上去变得模糊到不可接受，而这个可接受的清晰范围，就是景深。

Q：什么是焦平面？

A：如前所述，当摄影师将镜头对焦于某个点拍摄时，在照片中与该点处于同一平面的景物都是清晰的，而位于该点前方和后方的景物则都是模糊的，这个清晰的平面就是成像焦平面。如果摄影师的相机位置不变，当被摄对象在可视区域内向焦平面做水平运动时，成像始终是清晰的；但如果其向前或向后移动，则由于脱离了成像焦平面，因此会出现一定程度的模糊，景物模糊的程度与其距焦平面的距离成正比。

▲ 对焦点在中间的财神爷玩偶上，但由于另外两个玩偶与其在同一个焦平面上，因此3个玩偶均是清晰的。

▲ 对焦点仍然在中间的财神爷玩偶上，但由于另外两个玩偶与其不在同一个焦平面上，因此另外两个玩偶是模糊的。

光圈对景深的影响

光圈是控制景深（背景虚化程度）的重要因素，即在其他条件不变的情况下，光圈越大，景深就越小；反之，光圈越小，景深就越大。如果在拍摄时想通过控制景深来使自己的作品更有艺术效果，就要学会合理地使用大光圈和小光圈。

通过调整光圈数值的大小，即可拍摄不同的对象或表现不同的主题。例如，大光圈主要用于人像摄影、微距摄影，通过模糊背景来有效地突出主体；小光圈主要用于风景摄影、建筑摄影、纪实摄影等，大景深让画面中的所有景物都能清晰地呈现。

下面是一组在焦距为 70mm、感光度为 ISO125 的特定参数下，以光圈优先模式拍摄的照片。

▲ 光圈：F11；快门速度：1/200s　　▲ 光圈：F10；快门速度：1/250s　　▲ 光圈：F9；快门速度：1/320s

▲ 光圈：F8；快门速度：1/400s　　▲ 光圈：F6.3；快门速度：1/500s　　▲ 光圈：F4；快门速度：1/640s

从这一组照片中可以看出，当光圈从 F11 逐渐增大到 F4 时，画面的景深逐渐变小，画面背景处的花朵就越模糊。

- -

焦距对景深的影响

当其他条件相同时，焦距越长，则画面的景深越小，可以得到更明显的虚化效果；反之，焦距越短，则画面的景深越大，容易呈现前后景都清晰的画面效果。

下面是一组在光圈为 F2.8、快门速度为 1/400s、感光度为 ISO200 的特定参数下，只改变焦距拍摄的照片。

▲ 焦距：24mm　　▲ 焦距：35mm　　▲ 焦距：50mm　　▲ 焦距：70mm

从这组照片中可以看出，当焦距由 24mm 变化到 70mm 时，主体花朵逐渐变大，同时背景的景深变小，虚化效果越来越好。

拍摄距离对景深的影响

在其他条件不变的情况下，拍摄者与被摄对象之间的距离越近，越容易得到小景深的虚化效果；反之，如果拍摄者与被摄对象之间的距离较远，则不容易得到虚化效果。

这一点在使用微距镜头拍摄时体现得更为明显，当镜头离被摄对象很近的时候，画面中的清晰范围就变得非常小。因此，在人像摄影中，为了获得较小的景深，经常采取靠近被摄者拍摄的方法。

下面为一组在所有拍摄参数都不变的情况下，只改变镜头与被摄对象之间的距离时拍摄得到的照片。

通过左侧展示的一组照片可以看出，当镜头距离前景位置的玩偶越远时，其背景的模糊效果也越差。

背景与被摄对象的距离对景深的影响

在其他条件不变的情况下，画面中的背景与被摄对象的距离越远，则越容易得到小景深的虚化效果；反之，如果画面中的背景与被摄对象位于同一个焦平面上，或者非常靠近，则不容易得到虚化效果。

左图所示为在所有拍摄参数都不变的情况下，只改变被摄对象距离背景的远近拍出的照片。

通过左侧展示的一组照片可以看出，在镜头位置不变的情况下，随着前面的木偶距离背景的两个木偶越来越近，背景的木偶虚化程度也越来越低。

设置快门速度控制曝光时间

快门与快门速度的含义

简单来说，快门的作用就是控制曝光时间的长短。在按下快门按钮时，从快门前帘开始移动到后帘结束所用的时间就是快门速度，这段时间实际上也就是相机感光元件的曝光时间。所以快门速度决定曝光时间的长短，快门速度越快，曝光时间就越短，曝光量也越少；快门速度越慢，曝光时间就越长，曝光量也越多。

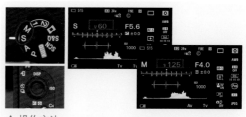

▲ 操作方法

旋转模式旋钮至快门优先或手动模式。在快门优先和手动模式下，转动控制拨轮可以选择不同的快门速度值。

快门速度的表示方法

快门速度以秒为单位，一般入门级及中端微单相机的快门速度范围为 1/4000～30s，而专业或准专业相机的最高快门速度则达到了 1/8000s，可以满足更多题材和场景的拍摄要求。作为索尼 APS-C 画幅的 SONY α6600，其最高的快门速度为 1/4000s。

常用的快门速度有 30s、15s、8s、4s、2s、1s、1/2s、1/4s、1/8s、1/15s、1/30s、1/60s、1/125s、1/250s、1/500s、1/1000s、1/4000s 等。

▲ 使用 1/500s 的快门速度抓拍到了女孩的奔跑动作。『焦距：24mm；光圈：F4；快门速度：1/500s；感光度：ISO200』

快门速度对曝光的影响

如前面所述，快门速度的快慢决定了曝光量的多少，在其他条件不变的情况下，快门速度每变化 1 倍，曝光量也会变化 1 倍。例如，当快门速度由 1/125s 变为 1/60s 时，由于快门速度慢了一半，曝光时间增加了 1 倍，因此总的曝光量也随之增加了 1 倍。从下面展示的一组照片中可以发现，在光圈与 ISO 感光度数值不变的情况下，快门速度越慢，则曝光时间越长，画面感光就越充分，所以画面也越亮。

下面是一组在焦距为 70mm、光圈为 F5、感光度为 ISO125 的特定参数下，只改变快门速度拍摄的照片。

▲ 快门速度：1/20s

▲ 快门速度：1/15s

▲ 快门速度：1/13s

▲ 快门速度：1/10s

▲ 快门速度：1/8s

▲ 快门速度：1/6s

▲ 快门速度：1/5s

▲ 快门速度：1/4s

通过这一组照片可以看出，在其他曝光参数不变的情况下，随着快门速度逐渐变慢，进入镜头的光线不断增多，因此所拍摄出来的画面也逐渐变亮。

影响快门速度的三大要素

影响快门速度的要素包括感光度、光圈及曝光补偿，它们对快门速度的具体影响如下：

● 感光度：感光度每增加 1 倍（例如从 ISO100 增加到 ISO200），感光元件对光线的敏锐度会随之增加 1 倍，同时，快门速度会随之提高 1 倍。

● 光圈：光圈每提高 1 挡（如从 F4 增加到 F2.8），快门速度可以提高 1 倍。

● 曝光补偿：曝光补偿数值每增加 1 挡，由于需要更长时间的曝光来提亮照片，因此快门速度将降低一半；反之，曝光补偿数值每降低 1 挡，由于照片不需要更多的曝光，因此快门速度可以提高 1 倍。

快门速度对画面效果的影响

快门速度不仅影响相机的进光量，还会影响画面的动感效果。当表现静止的景物时，快门的快慢对画面不会有什么影响，除非摄影师在拍摄时有意摆动镜头；但当表现动态的景物时，不同的快门速度能够营造出不一样的画面效果。

右侧照片是在焦距、感光度都不变的情况下，将快门速度依次调慢所拍摄的。

对比这一组照片，可以看到当快门速度较快时，水流被定格成相对清晰的影像，但当快门速度逐渐降低时，流动的水流在画面中渐渐产生模糊的效果。

由上述可见，如果希望在画面中凝固运动着的拍摄对象的精彩瞬间，应该使用高速快门。拍摄对象的运动速度越高，采用的快门速度也要越快，以便在画面中凝固运动对象，形成一种时间突然停滞的静止效果。

如果希望在画面中表现运动着的拍摄对象的动态模糊效果，可以使用低速快门，以使其在画面中形成动态模糊效果，能够较好地表现出生动的效果。按此方法拍摄流水、夜间的车流轨迹、风中摇摆的植物、流动的人群等，均能够得到画面效果流畅、生动的照片。

▲ 光圈：F2.8；快门速度：1/80s；感光度：ISO50

▲ 光圈：F9；快门速度：1/8s；感光度：ISO50

▲ 光圈：F14；快门速度：1/3s；感光度：ISO50

▲ 光圈：F20；快门速度：0.8s；感光度：ISO50

▲ 光圈：F22；快门速度：1s；感光度：ISO50

▲ 光圈：F25；快门速度：1.3s；感光度：ISO50

▲ 采用高速快门定格住跳跃在空中的女孩。『焦距：70mm；光圈：F4；快门速度：1/500s；感光度：ISO200』

▲ 采用低速快门记录夜间的车流轨迹。『焦距：18mm；光圈：F20；快门速度：30s；感光度：ISO100』

依据对象的运动情况设置快门速度

在设置快门速度时，应综合考虑被摄对象的运动速度、运动方向，以及摄影师与被摄对象之间的距离这 3 个基本要素。

被拍摄对象的运动速度

不同的照片表现形式，拍摄时所需要的快门速度也不尽相同。例如，抓拍物体运动的瞬间，需要使用较高的快门速度；而如果是跟踪拍摄，对快门速度的要求就比较低了。

▲ 站着的狗处于静止状态，因此无须太高的快门速度。『焦距：35mm；光圈：F2.8；快门速度：1/200s；感光度：ISO100』

▲ 奔跑中的狗的运动速度很快，因此需要较高的快门速度才能将其清晰地定格在画面中。『焦距：200mm；光圈：F6.3；快门速度：1/640s；感光度：ISO400』

被拍摄对象的运动方向

如果从运动对象的正面拍摄（通常是角度较小的斜侧面），能够表现出对象从小变大的运动过程，这样需要的快门速度通常要低于从侧面拍摄；只有从侧面拍摄才会感受到被拍摄对象真正的速度，拍摄时需要的快门速度也就更高。

▶ 从正面或斜侧面角度拍摄运动对象时，速度感不强。『焦距：70mm；光圈：F3.2；快门速度：1/1000s；感光度：ISO400』

▲ 从侧面拍摄运动对象时，速度感很强。『焦距：40mm；光圈：F2.8；快门速度：1/1250s；感光度：ISO400』

摄影师与被摄对象之间的距离

无论是身体靠近运动对象，还是使用镜头的长焦端，只要画面中的运动对象越大、越具体，拍摄对象的运动速度就相对越高，拍摄时需要不停地移动相机。略有不同的是，如果是身体靠近运动对象，则需要较大幅度地移动相机；而拍摄对象较远，使用镜头的长焦端，只要小幅度地移动相机，就能够保证被摄对象一直处于画面之中。

从另一个角度来说，如果将视角变得更广阔一些，就不用为了将运动对象融入画面中而费力地紧跟被摄对象，比如使用镜头的广角端拍摄，就更容易抓拍到被摄对象运动的瞬间。

▲ 使用广角镜头抓拍到的现场整体气氛。『焦距：28mm；光圈：F9；快门速度：1/640s；感光度：ISO200』

▶ 长焦镜头注重表现单个主体，对瞬间的表现更加明显。『焦距：400mm；光圈：F7.1；快门速度：1/640s；感光度：ISO200』

常见快门速度的适用拍摄对象

以下是一些常见快门速度的适用拍摄对象，虽然在拍摄时并非一定要用快门优先曝光模式，但先对一般情况有所了解才能找到最适合表现不同拍摄对象的快门速度。

快门速度（秒）	适用范围
B 门	适合拍摄夜景、闪电、车流等。其优点是摄影师可以自行控制曝光时间，缺点是如果不知道当前场景需要多长时间才能正常曝光时，容易出现曝光过度或不足的情况，此时需要摄影师多做尝试，直至得到满意的效果
1 ~ 30	在拍摄夕阳、天空仅有少量微光的日落后及日出前后时，都可以使用光圈优先曝光模式或手动曝光模式进行拍摄，很多优秀的夕阳作品都诞生于这个曝光区间。使用1~5s的快门速度，也能够将瀑布或溪流拍摄出如同丝绸一般的梦幻效果
1 和 1/2	适合在昏暗的光线下，使用较小的光圈获得足够的景深，通常用于拍摄稳定的对象，如建筑、城市夜景等
1/15 ~ 1/4	1/4s的快门速度可以作为拍摄夜景人像时的最低快门速度。该快门速度区间也适合拍摄一些光线较强的夜景，如明亮的步行街和光线较好的室内
1/30	在使用标准镜头或广角镜头拍摄风光、建筑室内时，该快门速度可以视为拍摄时最低的快门速度
1/60	对于标准镜头而言，该快门速度可以保证在各种场合进行拍摄
1/125	这一挡快门速度非常适合在户外阳光明媚时使用，同时也能够拍摄运动幅度较小的物体，如行走的人
1/250	适合拍摄中等运动速度的拍摄对象，如游泳运动员、跑步中的人或棒球队员等
1/500	该快门速度已经可以抓拍一些运动速度较快的对象，如行驶的汽车、快速跑动中的运动员、奔跑的马等
1/1000 ~ 1/4000	该快门速度区间已经可以用于拍摄一些极速运动的对象，如赛车、飞机、足球运动员、飞鸟及瀑布飞溅出的水花等

安全快门速度

简单来说，安全快门是指人在手持相机拍摄时能保证画面清晰的最低快门速度。这个快门速度与镜头的焦距有很大关系，即手持相机拍摄时，快门速度应不低于相机镜头焦距的倒数。比如，相机镜头焦距为70mm，拍摄时的快门速度应不低于1/80s。这是因为人在手持相机拍摄时，即使被拍摄对象待在原处纹丝不动，也会因为拍摄者本身的抖动而导致画面模糊。

由于 SONY α6600 是 APS-C 画幅相机，因此在换算时还要将焦距转换系统考虑在内，即如果以200mm 焦距进行拍摄，其快门速度不应该低于 200×1.5 所得数值的倒数，即 1/320s。

▼ 虽然是拍摄静态的玩偶，但由于光线较弱，致使快门速度低于安全快门速度，所以拍摄出来的玩偶手中酒瓶标签是比较模糊的。『焦距：100mm；光圈：F2.8；快门速度：1/50s；感光度：ISO200』

▲ 拍摄时提高了感光度数值，因此能够使用更高的快门速度，从而确保拍出来的照片很清晰。『焦距：100mm；光圈：F2.8；快门速度：1/160s；感光度：ISO800』

长时曝光降噪

曝光时间越长，产生的噪点就越多，此时，可以启用"长时曝光降噪"功能来消减画面中产生的噪点。

"长时曝光降噪"菜单用于对快门速度低于 1s（或者说总曝光时间长于 1s）所拍摄的照片进行减少噪点处理，处理所需时间长度约等于当前曝光的时长。

高手点拨：一般情况下，建议将"长时曝光降噪"设置为"开"；但是在某些特殊条件下，比如在寒冷的天气拍摄时，电池的电量会消耗得很快，为了保持电池的电量，建议关闭该功能，因为相机的降噪过程和拍摄过程需要大致相同的时间。

设定步骤

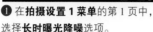

❶ 在**拍摄设置 1 菜单**的第 1 页中，选择**长时曝光降噪**选项。

❷ 按▲或▼方向键可选择**开**或**关**选项。

Q：防抖功能是否能够代替较高的快门速度？

A：虽然在弱光条件下拍摄时开启防抖功能，可以允许摄影师使用更低的快门速度，但实际上防抖功能并不能代替较高的快门速度。要想获得高清晰度的照片，仍然需要用较高的快门速度来捕捉瞬间的动作。不管防抖功能多么强大，只有使用较高的快门速度才能够清晰地捕捉到快速移动的被摄对象，这一条是不会改变的。

SONY α 6600

▲ 左图是未开启"长时曝光降噪"功能时拍摄的画面局部，右图是开启了"长时曝光降噪"功能后拍摄的画面局部，可以看到右图中的杂色及噪点都明显减少，但同时也损失了一些细节。

▶ 通过较长时间曝光拍摄的夜景照片。『焦距：38mm；光圈：F11；快门速度：15s；感光度：ISO100』

设置感光度控制照片品质

理解感光度

数码相机的感光度概念是从传统胶片的感光度引入的，用于表示感光元件对光线的敏锐程度，即在相同条件下，相机的感光度越高，获得光线的数量也就越多。但要注意的是，感光度越高，画面产生的噪点就越多；而感光度低，画面则清晰、细腻，细节表现较好。

SONY α6600 微单相机在感光度的控制方面很优秀。其感光度范围为 ISO100 ~ ISO32000（可以向上扩展至 ISO102400），在光线充足的情况下，使用 ISO100 拍摄即可。

ISO 感光度设定

SONY α6600 微单相机提供了多个感光度控制选项，可以在"拍摄设置 1 菜单"中的"ISO 设置"中设置 ISO 感光度的数值和自动 ISO 感光度控制参数。

设置 ISO 感光度的数值

当需要改变 ISO 感光度的数值时，可以在"拍摄设置 1 菜单"中的"ISO 设置"中进行设置。当然，也可以按 ISO 按钮完成 ISO 感光度的设置，这样操作起来更方便。

在光线充足的环境下拍摄时，将感光度设置为 ISO100 可以获得细腻的画质。
『焦距：35mm；光圈：F4；快门速度：1/200s；感光度：ISO160』

▲ 操作方法

在 P、A、S、M 模式下，可以按 ISO 按钮，然后转动控制拨轮或按▲或▼方向键调整 ISO 感光度数值。

↓ 设定步骤

❶ 在**拍摄设置 1 菜单**的第 8 页中，选择 **ISO 设置**选项。

❷ 按▲或▼方向键选择 **ISO** 选项。

❸ 按▲或▼方向键可设置不同的感光度数值。

自动 ISO 感光度

当对感光度的设置要求不高时，可以将 ISO 感光度设定为由相机自动控制，即当相机检测到依据当前的光圈与快门速度组合无法满足曝光需求或可能会曝光过度时，就会自动选择一个合适的 ISO 感光度数值，以满足正确曝光的需求。

当选择"ISO AUTO"选项时，摄影师可以在 ISO100 ~ ISO6600 感光度范围内，分别设定一个最小自动感光度值和最大自动感光度值。例如，将最小感光度设为 ISO100，最大感光度设为 ISO3200 时，那么在拍摄时，相机即会在 ISO100 ~ ISO3200 范围内自动调整感光度。

● ISO AUTO 最小：选择此选项，可设置自动感光度的最小值。

● ISO AUTO 最大：选择此选项，可设置自动感光度的最大值。

❶ 在**拍摄设置 1 菜单**的第 8 页中，选择 **ISO 设置**选项。

❷ 按▲或▼方向键选择 **ISO** 选项。

❸ 按▲或▼方向键选择 **ISO AUTO** 选项，然后按▶方向键。

❹ 选择 **ISO AUTO 最小**选项时，按▲或▼方向键选择一个感光度值。

❺ 选择 **ISO AUTO 最大**选项时，按▲或▼方向键选择一个感光度值。

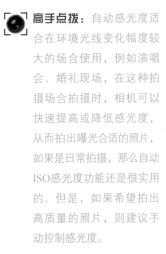

高手点拨：自动感光度适合在环境光线变化幅度较大的场合使用，例如演唱会、婚礼现场，在这种拍摄场合拍摄时，相机可以快速提高或降低感光度，从而拍出曝光合适的照片，如果是日常拍摄，那么自动 ISO 感光度功能还是很实用的。但是，如果希望拍出高质量的照片，则建议手动控制感光度。

▲ 在婚礼现场拍摄时，无论是在灯光昏黄的家居室内，还是灯光明亮的宴会大厅，使用自动 ISO 感光度功能后都能够得到相当不错的画面效果。

设置自动感光度时的最低快门速度

当将感光度设置成"ISO AUTO"选项时，可以通过"ISO AUTO 最小速度"菜单指定最低快门速度的标准，当快门速度低于此标准时，相机将自动提高感光度数值；若快门速度未低于此标准，则使用自动感光度设置的最小感光度数值进行拍摄。

- STD（标准）：选择此选项，相机根据镜头的焦距自动设定安全快门，如当前焦距为50mm，那么，最低快门速度将为1/50s。
- FASTER（更快）/FAST（高速）：选择此选项，最低快门速度会比选择"标准"选项时高，因此可以抑制拍摄时的抖动和被摄对象模糊。
- SLOW（低速）/SLOWER（更慢）：选择此选项，最低快门速度会比选择"标准"选项时更慢，因此可以拍摄噪点较少的照片。
- 1/4000～30s：当快门速度不能达到所选择的快门速度值时，感光度将自动提高。

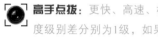 **高手点拨**：更快、高速、标准、低速和更慢选项之间的快门速度级别差分别为1级，如果选择"标准"选项时，快门速度为1/60s；如果选择"高速"选项时，快门速度将为1/125s；如果选择"低速"选项时，快门速度将为1/30s，依此类推。

⬇ 设定步骤

❶ 在 ISO 设置菜单中，选择 ISO AUTO 最小速度选项。

❷ 选择第一个选项，按◀或▶方向键选择最小速度的标准；若按▼方向键选择了一个快门速度值，则最低快门速度不会低于所选择的值。

▼ 建议将最低快门速度值设置为安全快门速度值，以保证画面的清晰度。
『焦距：80mm；光圈：F4；快门速度：1/100s；感光度：ISO100』

ISO 数值与画质的关系

对于 SONY α6600 微单相机而言，使用 ISO800 以下的感光度拍摄，均能获得优秀的画质；在使用 ISO1600 ~ ISO6600 范围内的感光度拍摄时，其画质比在低感光度时拍摄有相对明显的降低，但是可以接受。

如果从实用角度来看，使用 ISO800 和 ISO1600 拍摄的照片细节完整、色彩生动，只要不是放大到很大倍数查看，和使用较低感光度拍摄的照片并无明显差异。但是对于一些对画质要求较为苛求的摄影师来说，ISO1600 是 SONY α6600 微单相机能保证较好画质的最高感光度。使用高于 ISO1600 的感光度拍摄时，虽然照片整体上依旧没有过多的杂色，但是细节上的缺失通过大屏幕显示器观看时就能感觉到，所以除非处于极端环境中，否则不推荐使用。

下面是一组在焦距为 45mm、光圈为 F8 的特定参数下，改变感光度拍摄的照片。

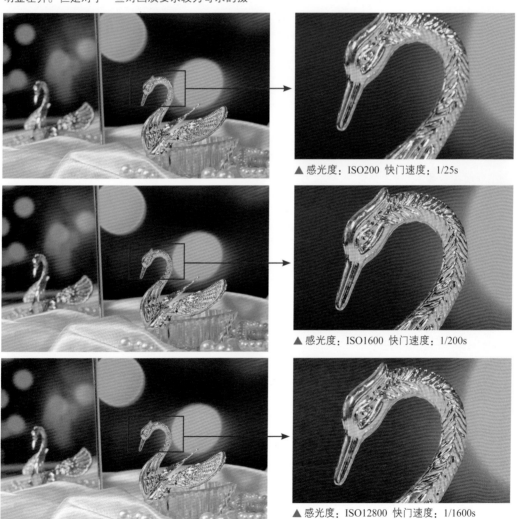

▲ 感光度：ISO200 快门速度：1/25s

▲ 感光度：ISO1600 快门速度：1/200s

▲ 感光度：ISO12800 快门速度：1/1600s

通过对比上面展示的照片及参数可以看出，在光圈优先模式下，随着感光度的升高，快门速度越来越快，虽然照片的曝光量没有改变，但画面中的噪点却逐渐增多。

感光度对曝光效果的影响

作为控制曝光的三大要素之一，在其他条件不变的情况下，感光度每增加一挡，感光元件对光线的敏锐度会随之提高一倍，即增加一倍的曝光量；反之，感光度每减少一挡，则减少一半的曝光量。

更直观地说，感光度的变化直接影响光圈或快门速度的设置，以 F5.6、1/200s、ISO400 的曝光组合为例，在保证被摄对象正确曝光的前提下，如果要改变快门速度并使光圈数值保持不变，可以通过提高或降低感光度来实现，快门速度提高一倍（变为 1/400s），则可以将感光度提高一倍（变为 ISO800）；如果要改变光圈值而保证快门速度不变，同样可以通过调整感光度数值来实现，例如要增加两挡光圈（变为 F2.8），则可以将 ISO 感光度数值降低两挡（变为 ISO100）。

下面是一组在焦距为 50mm、光圈为 F7.1、快门速度为 1.3s 的特定参数下，只改变感光度拍摄的照片。

▲ 感光度：ISO100

▲ 感光度：ISO125

▲ 感光度：ISO160

▲ 感光度：ISO200

▲ 感光度：ISO250

▲ 感光度：ISO320

这一组照片是在 M 挡手动曝光模式下拍摄的，在光圈、快门速度不变的情况下，随着 ISO 数值的增大，由于感光元件的感光敏感度越来越高，画面变得越来越亮。

感光度的设置原则

感光度除了会对曝光产生影响外，对画质也有着极大的影响，即感光度越低，画面就越细腻；反之，感光度越高，就越容易产生噪点、杂色，画质就越差。

在条件允许的情况下，建议采用 SONY α 6600 基础感光度中的最低值，即 ISO100，这样可以最大限度地保证照片得到较高的画质。

需要特别指出的是，使用相同的 ISO 感光度分别在光线充足与不足的环境中拍摄时，在光线不足环境中拍摄的照片会产生更多的噪点，如果此时再使用较长的曝光时间，那么就更容易产生噪点。因此，在弱光环境中拍摄时，更需要设置低感光度，并配合使用"高 ISO 降噪"和"长时曝光降噪"功能来获得较高的画质。

当然，低感光度的设置可能会导致快门速度很低，在手持拍摄时很容易由于手的抖动而导致画面模糊。此时，应该果断地提高感光度，即首先保证能够成功完成拍摄，然后再考虑高感光度给画质带来的损失。因为画质损失可通过后期处理来弥补，而画面模糊则意味着拍摄失败，后期是无法补救的。

消除高 ISO 产生的噪点

感光度越高，则照片产生的噪点也就越多，此时可以启用"高 ISO 降噪"功能来减少画面中的噪点，但要注意的是，这样会失去一些画面的细节。

在"高 ISO 降噪"菜单中包含"标准""低"和"关"3 个选项。选择"标准""低"选项时，可以在任何时候执行降噪（不规则间距明亮像素、条纹或雾像），尤其对于使用高 ISO 感光度拍摄的照片更有效；选择"关"选项时，则不会对照片进行降噪。

↓ 设定步骤

❶ 在**拍摄设置 1 菜单**的第 1 页中，选择**高 ISO 降噪**选项。

❷ 按▲或▼方向键可以选择不同的降噪标准，然后按控制拨轮中央按钮确定。

高手点拨：对于喜欢采用 RAW 格式存储照片或者喜欢连拍的摄影师，建议关闭该功能；对于喜欢直接使用相机打印照片或者采用 JPEG 格式存储照片的摄影师，建议选择"标准"或"低"选项。

▶ 利用 ISO1600 高感光度拍摄并进行高 ISO 降噪后得到的照片效果。『焦距：35mm；光圈：F5；快门速度：1/40s；感光度：ISO1600』

▶ 右图是未开启"高 ISO 降噪"功能放大后的画面局部，左图是启用了"高 ISO 降噪"功能放大后的画面局部，画面中的杂色及噪点都明显减少，但同时也损失了一些细节。

曝光四因素之间的关系

影响曝光的因素有四个：①照明的亮度（Light Value，LV），大部分照片是以阳光为光源进行拍摄的，但我们无法控制阳光的亮度；②感光度，即ISO值，ISO值越高，相机所需的曝光量越少；③光圈，更大的光圈能让更多的光线通过；④曝光时间，也就是所谓的快门速度。下图为这四个因素之间的联系。

影响曝光的四个因素是一个互相牵引的四角关系，改变任何一个因素，均会对另外3个因素造成影响。例如，最直接的对应关系是"亮度—感光度"，当在较暗的环境中（亮度较低）拍摄时，就要使用较高的感光度值，以增加相机感光元件对光线的敏感度，来得到曝光正常的画面。另一个直接的影响是"光圈—快门"，当用大光圈拍摄时，进入相机镜头的光量变多，因而快门速度便要提高，以避免照片过曝；反之，当缩小光圈时，进入相机镜头的光量变少，快门速度就要相应地变低，以避免照片欠曝。

下面进一步解释这四个因素的关系。

当光线较为明亮时，相机感光充分，因而可以使用较低的感光度、较高的快门速度或小光圈拍摄；

当使用高感光度拍摄时，相机对光线的敏感度增加，因此也可以使用较高的快门速度、较小光圈拍摄；

当降低快门速度做长时间曝光时，则可以通过缩小光圈、使用较低的感光度，或者加中灰镜来得到正确的曝光。

当然，在现场光环境中拍摄时，画面的亮度很难做出改变，虽然可以用中灰镜降低亮度，或提高感光度来增加亮度，但是依然会带来一定的画质影响。因此，摄影师通常会先考虑调整光圈和快门速度，当调整光圈和快门速度都无法得到满意的效果时，才会调整感光度数值，最后考虑安装中灰镜或增加灯光给画面补光。

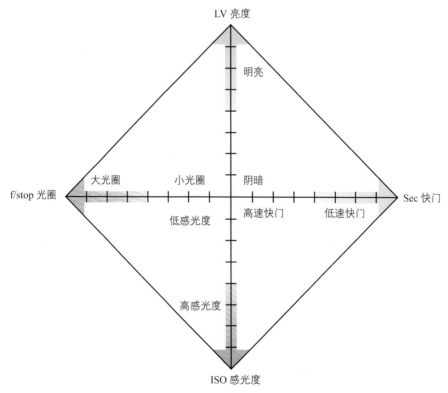

设置白平衡控制画面色彩

理解白平衡存在的重要性

无论是在室外的阳光下,还是在室内的白炽灯光下,人眼都能将白色视为白色,将红色视为红色,这是因为肉眼能够自动修正光源变化造成的着色差异。实际上,当光源改变时,作为这些光源的反射而被捕获的颜色也会发生变化,相机会精确地将这些变化记录在照片中,这样的照片在校正之前看上去是偏色的。

数码相机具有的"白平衡"功能可以校正不同光源下色彩的变化,就像人眼的功能一样,使偏色的照片得到校正。

值得一提的是,在实际应用时,我们也可以尝试使用"错误"的白平衡设置,从而获得特殊的画面色彩。例如,在拍摄夕阳时,如果使用荧光灯白平衡或阴影白平衡,则可以得到冷暖对比或带有强烈暖调色彩的画面,这也是白平衡的一种特殊应用方式。

SONY α 6600 微单相机共提供了 3 类白平衡设置,即预设白平衡、选择色温及自定义白平衡,下面分别讲解它们的功能。

- -

预设白平衡

除了自动白平衡外,SONY α 6600 微单相机还提供了日光☀、阴天☁、阴影⌂、白炽灯☀、荧光灯(暖白色)巤-1、荧光灯(冷白色)巤0、荧光灯(日光白色)巤+1、荧光灯(日光)巤+2、闪光灯WB、水中自动(AWB)10 种预设白平衡,它们分别适用于一些常见的典型环境,通过选择这些预设的白平衡可快速获得需要的设置。

↓ 设定步骤

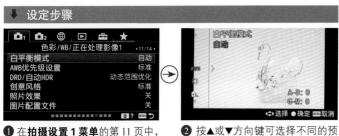

❶ 在**拍摄设置 1 菜单**的第 11 页中,选择**白平衡模式**选项,然后按控制拨轮中央按钮确定。

❷ 按▲或▼方向键可选择不同的预设白平衡。

▲ 操作方法

按 Fn 按钮显示快速导航界面,按▲、▼、◀、▶方向键选择白平衡模式图标,然后转动控制拨轮即可选择不同的白平衡模式。

预设白平衡除了能够在特殊光线条件下获得准确的色彩还原外,还可以制造出特殊的画面效果。例如,使用白炽灯白平衡模式拍摄阳光下的雪景会给人一种清冷的神秘感;使用阴影白平衡模式拍摄的人像会有一种油画的效果。

灵活设置自动白平衡的优先级

SONY α6600 微单相机的自动白平衡模式可以通过"AWB 优先级设置"菜单设置 3 种工作模式。此菜单的主要作用是设置当在室内白炽灯照射的环境中拍摄时，是环境氛围优先还是色彩还原优先，又或者两者兼顾。

如果选择"环境"选项，那么自动白平衡模式能够较好地表现出所拍摄环境下色彩的氛围效果，拍出来的照片能够保留环境中的暖色调，从而使画面具有温暖的氛围；选择"白"选项，那么自动白平衡模式可以抑制灯光中的红色，准确地再现白色；而选择"标准"选项，自动白平衡模式则由相机自动进行调整，从而获得环境色调与色彩还原相对平衡的照片。

需要注意的是，三种不同的自动白平衡模式只有在色温较低的场景中才能表现出差异，在其他条件下，使用三种自动白平衡模式拍摄出来的照片效果是一样的。

① 在**拍摄设置 1 菜单**的第 11 页中，选择 **AWB 优先级设置**选项。

② 按▲或▼方向键选择所需的选项，然后按下控制拨轮中央按钮确定。

◀ 选择"白色"自动白平衡模式可以抑制灯光中的红色，使照片中模特的皮肤显得白皙。『焦距：55mm；光圈：F5；快门速度：1/160s；感光度：ISO100』

◀选择"环境"自动白平衡模式拍摄出来的照片暖调更明显一些。『焦距：55mm；光圈：F5；快门速度：1/160s；感光度：ISO100』

什么是色温

在摄影领域，色温用于说明光源的成分，单位为"K"。例如，日出、日落时光的颜色为橙红色，这时色温较低，大约为3200K；太阳升高后，光的颜色为白色，这时色温高，大约为5400K；阴天的色温还要高一些，大约为6000K。色温值越大，则光源中所含的蓝色光越多；反之，当色温值越小，则光源中所含的红色光越多。下图为常见场景的色温值。

低色温的光趋于红、黄色调，其能量分布中红色调较多，因此又通常被称为"暖色"；高色温的光趋于蓝色调，其能量分布较集中，也被称为"冷色"。通常在日落之时，光线的色温较低，因此拍摄出来的画面偏暖，适合表现夕阳静谧、温馨的感觉，为了加强这样的画面效果，可以叠加使用暖色滤镜，或是将白平衡设置成阴天模式。晴天、中午时分的光线色温较高，拍摄出来的画面偏冷，通常这时空气的能见度也较高，可以很好地表现大景深的场景。另外，冷色调的画面还可以很好地表现出冷清的感觉，在视觉上给人开阔的感觉。

蓝天、白雪色温约为10000K

雨天/阴天色温约为7000K

正午晴天色温约为5000K

下午阳光色温约为4500K

室内灯光色温约为3400K

烛光色温约为1800K

9000K
8000K
7000K
6000K
5000K
4000K
3000K
2000K
1000K

户外阴影色温约为7500K

阴天色温约为6500K

闪光灯色温约为5500K

夕阳色温约为3800K

家用电灯色温约为2800K

选择色温

为了满足复杂光线环境下的拍摄需求，SONY α 6600 微单相机为色温调整白平衡模式提供了 2500 ～ 9900K 的调整范围，摄影师可以根据实际色温和拍摄要求进行精确调整。

可以通过两种操作方法来设置色温，第一种方式是通过菜单进行设置，第二种方式是通过快速导航界面来操作。

在通常情况下，使用自动白平衡模式就可以获得不错的色彩效果。但在特殊光线条件下，使用自动白平衡模式有时可能无法得到准确的色彩还原，此时，应根据光线条件选择合适的白平衡模式。

实际上每一种预设白平衡也对应着一个色温值，以下是不同预设白平衡模式所对应的色温值。了解不同预设白平衡所对应的色温值，有助于摄影师精确设置不同光线下所需的色温值。

选 项	色 温	说 明
AWB自动	3500 ～ 8000K	在大部分场景下都能够获得准确的色彩还原，特别适合在快速拍摄时使用
白炽灯	3000K	在白炽灯照明环境中使用
暖白色荧光灯 -1	3000K	在暖白色荧光灯照明环境中使用
冷白色荧光灯 0	4200K	在冷白色荧光灯照明环境中使用
日光白色荧光灯 +1	5000K	在昼白色荧光灯照明环境中使用
日光荧光灯 +2	6500K	在日光荧光灯照明环境中使用
日光	5200K	在拍摄对象处于直射阳光下时使用
闪光灯	5400K	在使用内置或另加的闪光灯时使用
阴天	6000K	在白天多云时使用
阴影	8000K	在拍摄对象处于白天的阴影中时使用

↓ 设定步骤

❶ 在**拍摄设置 1 菜单**的第 11 页中，选择**白平衡模式**选项，然后选择**色温 / 滤光片**选项并按▶方向键。

↓

❷ 按▲或▼方向键更改色温数值，然后按控制拨轮中央按钮确定。

▲ 操作方法
按 Fn 按钮显示快速导航界面，按▲、▼、◀、▶方向键选择白平衡模式图标，转动控制拨轮即选择色温 / 滤光片选项，然后转动控制转盘选择所需的色温值。

自定义白平衡

　　SONY α6600 微单相机还提供了一个非常方便的、通过拍摄的方式来自定义白平衡的方法，其操作流程如下：

❶ 将对焦模式切换至 MF（手动对焦）模式，找到一个白色物体（如白纸）放置在用于拍摄最终照片的光线下。

❷ 在"拍摄设置1菜单"的第11页中选择"白平衡模式"选项，选择自定义1～自定义3选项（🖐1～🖐3），然后按▶方向键。

❸ 选择🖐SET选项，然后按控制拨轮中央按钮确定，进入到自定义白平衡拍摄数据获取界面。

❹ 此时将要求选择一幅图像作为自定义的依据。手持相机对准白纸并让白色区域完全遮盖位于屏幕中央的AF区域，然后按控制拨轮中央按钮，相机发出快门音后，会显示获取的数值。

❺ 捕获成功后，相机屏幕上会显示捕获的白平衡数据，确认后按控制拨轮中央按钮。

在室内拍摄时，为避免画面偏色使用了自定义白平衡模式，得到颜色正常的画面。｜焦距：40mm；光圈：F8；快门速度：1/125s；感光度：ISO100｜

↓ 设定步骤

❶ 切换至手动对焦模式。

❷ 在**白平衡模式**中选择**自定义 1～自定义 3** 中的一个选项，然后按▶方向键。

❸ 按▲或▼方向键选择🖐SET 选项。

❹ 出现此界面，按控制拨轮中央按钮对白色物体拍摄一张照片。

❺ 捕获成功的界面，按控制拨轮中央按钮确定。

设置自动对焦模式以准确对焦

　　准确对焦是成功拍摄的重要前提，准确对焦可以让主体在画面中清晰呈现，反之则容易出现画面模糊的问题，也就是所谓的"失焦"。

　　SONY α6600 微单相机提供了自动对焦与手动对焦两种模式，而自动对焦又可以分为单次自动对焦（AF-S）、AF-C 连续自动对焦及AF-A 自动选择自动对焦 3 种，选择合适的对焦方式可以帮助我们顺利地完成对焦工作，下面分别讲解它们的使用方法。

单次自动对焦模式（AF-S）

　　单次自动对焦模式会在合焦（半按快门时对焦成功）之后即停止自动对焦，此时可以保持半按快门的状态重新调整构图。此自动对焦模式常用于拍摄静止的对象。

▲ 操作方法

在拍摄待机屏幕显示的状态下，按 Fn 按钮，然后按◄、►、▲、▼方向键选择对焦模式选项，转动控制拨轮选择所需对焦模式。

Q：如何拍摄自动对焦困难的主体？

　　A：在某些情况下，直接使用自动对焦功能拍摄时对焦会比较困难，此时除了使用手动对焦方法外，还可以按下面的步骤使用对焦锁定功能进行拍摄。

　　1. 设置对焦模式为单次自动对焦，对焦区域模式设为中间模式，将对焦框选定在另一个与希望对焦的主体距离相等的物体上，然后半按快门按钮。

　　2. 因为半按快门按钮时对焦已被锁定，因此可以将镜头移至希望对焦的主体上，重新构图后完全按下快门完成拍摄。

SONY α6600

▲ 在拍摄静态对象时，使用单次自动对焦模式完全可以满足拍摄需求。

连续自动对焦模式（AF-C）

选择此对焦模式后，当摄影师半按快门合焦时，在保持快门的半按状态下，相机会在对焦点中自动切换，以保持对运动对象的准确合焦状态。如果在这个过程中主体位置或状态发生了较大的变化，相机会自动做出调整。

这是因为在此对焦模式下，如果摄影师半按快门释放按钮，被摄对象靠近或远离相机，相机都将自动启用对焦跟踪系统，以确保被拍摄对象始终处于合焦状态。这种对焦模式比较适合拍摄运动中的宠物、昆虫、人等对象。

 高手点拨：如果被拍摄对象移动速度过快或移出了画面，则相机无法完成对焦。

▲ 在拍摄玩耍中的猫咪时，使用连续自动对焦模式可以随着猫咪的运动而迅速调整对焦，以保证获得主体清晰的画面。

自动选择自动对焦模式（AF-A）

自动选择自动对焦模式适用于无法确定被摄对象是静止还是运动的情况，此时相机会自动根据被摄对象是否运动来选择单次自动对焦还是连续自动对焦模式，此对焦模式适用于拍摄不能够准确预测动向的被摄对象，如昆虫、鸟、儿童等。

例如，在拍摄动物时，如果所拍摄的动物暂时处于静止状态，但有突然运动的可能性，应该使用此对焦模式，以保证能够将拍摄对象清晰地捕捉下来。在拍摄人像时，如果模特不是处于摆拍的状态，随时有可能从静止状态变为运动状态，也可以使用这种对焦模式。

▲ 拍摄忽然停止、忽然运动的题材时，使用 AF-A 自动对焦模式再合适不过了。

设置自动对焦区域模式

在确定自动对焦模式后，还需要指定自动对焦区域模式，以使相机的自动对焦系统在工作时，"明白"应该使用多少对焦点或什么位置的对焦点进行对焦。

SONY α6600 微单相机提供了广域自动对焦 ▦、区自动对焦 ▢、中间自动对焦 ▣、自由点自动对焦 ▦M、扩展自由点自动对焦 ▦ 和跟踪自动对焦（▦、▦、▣、▦M、▦）6 种自动对焦区域模式，摄影师需要选择不同的自动对焦区域模式，来满足不同拍摄题材的需求。

广域自动对焦区域模式 ▦

选择此对焦区域模式后，在执行对焦操作时将由相机利用自己的智能判断系统，决定当前拍摄的场景中哪个区域应该最清晰，从而利用相机可用的对焦点针对这一区域进行对焦。

对焦时，画面中清晰的部分会出现一个或多个绿色的对焦框，表示相机已针对此区域完成对焦。

▲ 操作方法

在拍摄待机屏幕显示的状态下，按 Fn 按钮，然后按◀、▶、▲、▼方向键选择对焦区域选项，转动控制拨轮选择对焦区域模式。当选择了自由点、扩展自由点、跟踪模式时，转动控制转盘选择所需对焦区域。

▲ 广域自动对焦区域适用于大部分日常题材的拍摄。『焦距：28mm；光圈：F4；快门速度：1/640s；感光度：ISO320』

▲ 广域自动对焦区域示意图

区自动对焦区域模式

使用此对焦区域模式时，先在液晶显示屏上选择想要对焦的区域位置，对焦区域内包含数个对焦点，在拍摄时，相机将自动在所选对焦区范围内选择合焦的对焦框。此模式适合拍摄动作幅度不大的题材。

▲ 区自动对焦区域示意图

◀ 对于拍摄摆姿人像而言，在变换姿势幅度不大的情况下，可以使用区自动对焦区域模式进行拍摄。『焦距：150mm；光圈：F5；快门速度：1/1600s；感光度：ISO125』

中间自动对焦区域模式 [ ]

使用此对焦区域模式时，相机始终使用位于屏幕中央区域的自动对焦点进行对焦。拍摄时，画面的中央位置会出现一个灰色对焦框，表示对焦点位置，进行拍摄时半按快门，灰色对焦框变为绿色，表示完成对焦操作。此模式适合拍摄主体位于画面中央的题材。

▲ 中间自动对焦区域示意图

▲ 由于主体在画面中间，因此使用了中间自动对焦区域模式进行拍摄。『焦距：90mm；光圈：F5；快门速度：1/400s；感光度：ISO100』

自由点自动对焦区域模式

选择此对焦区域模式时，相机只使用一个对焦点进行对焦操作，而且摄影师可以自由确定此对焦点的位置。拍摄时使用控制拨轮的上、下、左、右方向键，可以将对焦框移动至被摄主体需要对焦的区域。此对焦区域模式适合拍摄需要精确对焦，或者对焦主体不在画面中央位置的题材。

▲ 自由点自动对焦区域示意图

◀ 使用自由点自动对焦区域模式对花瓣进行对焦，得到了花朵清晰、背景虚化的效果。『焦距：200mm；光圈：F4；快门速度：1/320s；感光度：ISO100』

扩展自由点自动对焦区域模式

选择此对焦区域模式时，摄影师可以使用控制拨轮的上、下、左、右方向键选择一个对焦点，与自由点自动对焦区域模式不同的是，摄影师所选的对焦点周围还分布一圈辅助对焦点，若拍摄对象暂时偏离所选对焦点，相机会自动使用周围的对焦点进行对焦。此对焦区域模式适合拍摄可预测运动趋势的对象。

▲ 扩展自由点自动对焦区域示意图

 高手点拨：当将"触摸操作"设为"开"选项时，则可以通过触摸显示屏操作拖动并迅速地移动显示屏上的对焦框。

▲ 事先设定好对焦点的位置，当模特慢慢走至对焦点位置时，立即对焦并拍摄。『焦距：135mm；光圈：F4；快门速度：1/320s；感光度：ISO100』

跟踪自动对焦区域模式 📷 📷 📷 📷 📷

在 AF-C 连续自动对焦模式下，拍摄随时可能移动的动态主体（如宠物、儿童、运动员等）时，可以使用此模式，锁定跟踪被摄对象，从而保持在半按快门按钮期间，相机持续对焦被摄对象。

需要注意的是，此自动对焦区域模式实际上分为 5 种形式，即广域模式、区模式、中间模式、自由点模式及扩展自由点模式。例如选择广域模式，将由相机自动设定开始跟踪区域；选择中间模式，则从画面中间开始跟踪；选择区模式、AF 自由点模式或扩展自由点模式，则可以使用方向键选择需要的开始跟踪区域。

▲ 跟踪：扩展自由点模式示意图

▲ 利用跟踪模式，拍摄到了清晰的小孩搞怪组照。

设置对焦辅助菜单功能

弱光下使用 AF 辅助照明

在弱光环境下，相机的自动对焦功能会受到很大的影响，此时可以开启"AF 辅助照明"功能，使相机的 AF 辅助照明灯发出红色的光线，照亮被摄对象，以辅助相机进行自动对焦。

● 自动：选择此选项，当拍摄环境光线较暗时，自动对焦辅助照明灯将发射自动对焦辅助光。

● 关：选择此选项，自动对焦辅助照明灯将不会发射自动对焦辅助光。

❶ 在**拍摄设置 1 菜单**的第 6 页中，选择 **AF 辅助照明**选项。

❷ 按▲或▼方向键可选择**自动**或**关**选项。

设置"音频信号"确认合焦

在拍摄比较细小的物体时，是否正确合焦不容易从屏幕上分辨出来，这时可以开启"音频信号"功能，以便在确认相机合焦时发出提示音，从而在成功合焦后迅速按下快门得到清晰的画面。除此之外，开启"音频信号"功能后，还会在自拍时发出自拍倒计时提示。

● 开：选择此选项开启提示音，在合焦和自拍时，相机会发出提示音。

● 关：选择此选项，在合焦或自拍时，相机不会发出提示音。

❶ 在**拍摄设置 2 菜单**的第 9 页中，选择**音频信号**选项。

❷ 按▲或▼方向键选择**开**或**关**选项，然后按控制拨轮中央按钮确定。

 **高手点拨**：如果可以，在拍摄比较细小的物体时，最好使用手动对焦模式，通过在液晶显示屏上放大被拍摄对象来确保准确合焦。

▶ 在拍摄微距题材照片时，开启"音频信号"功能，可以帮助摄影师了解是否准确对焦。『焦距：60mm；光圈：F4；快门速度：1/320s；感光度：ISO200』

人脸 / 眼部对焦优先设定

　　眼睛是心灵的窗户。在拍摄人像时，通常会对人眼进行对焦，从而让人物显得更有神采。但如果选择自由点对焦区域模式，并将该对焦点调整到人物眼部进行拍摄时，操作速度往往会比较慢。如果人物再稍有移动，可能还会造成对焦不准的情况。而使用 SONY α6600 微单相机的人脸 / 眼部 AF 功能，可以既快速，又准确地对焦到脸部或者眼睛进行拍摄。

　　在 SONY α6600 微单相机中，该功能不但支持人眼 AF，还首次支持动物眼睛 AF，对于野生动物或者宠物题材的拍摄，也非常有帮助。

AF 时人脸 / 眼睛优先

　　设定当启用自动对焦时，是否检测对焦区域内的人脸或眼部，以及对眼部进行对焦（眼部自动对焦）。

设定步骤

❶ 在**拍摄设置 1** 菜单的第 6 页中选择**人脸 / 眼部 AF 设置**选项。

❷ 按▼或▲方向键选择 **AF 时人脸 / 眼睛优先**选项。

❸ 按▼或▲方向键选择**开**或**关**选项。

拍摄主体检测

　　此菜单用于选择在启用"人脸 / 眼部优先"对焦功能时，相机识别画面的主体是人物还是动物。

　　选择"人"选项时，在拍摄时相机识别人脸或眼睛进行对焦；选择"动物"选项时，在拍摄时相机只识别动物的眼睛以进行对焦，不会识别动物面部，也不会识别人脸。

高手点拨：当拍摄主体检测选择为"动物"选项时，由于只支持动物眼睛检测，因此只存在能够准确合焦到眼部和无法对眼睛进行自动合焦两种情况。但如果选择为"人"选项时，相机会先对人物脸部进行检测，如果能够检测到脸部，再尝试对眼睛进行检测。因此，在实际拍摄过程中，相机有可能会对人眼进行对焦拍摄，也有可能对人脸进行对焦并拍摄，甚至如果没有检测到人脸，则该功能将失效。

设定步骤

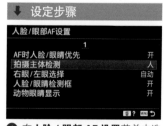

❶ 在**人脸 / 眼部 AF 设置**菜单中选择**拍摄主体检测**选项。

❷ 按▼或▲方向键选择**人**或**动物**选项。

左眼 / 右眼选择

当拍摄主体检测被设置为"人"时,通过此菜单选择要检测的眼睛。

选择"自动"选项,由相机自动选择眼睛进行对焦;选择"右眼"选项,相机将只检测被摄体的右眼(从拍摄者看来左侧的眼睛)进行对焦;选择"左眼"选项,只检测被摄体的左眼(从拍摄者看来右侧的眼睛)进行对焦。当拍摄主体检测设置为"动物"选项时,无法使用"右眼 / 左眼选择"选项。

 高手点拨:为了在使用该功能时,能够更有效地对焦到人眼并进行拍摄,应该避免出现以下情况:① 被摄人物佩戴墨镜;② 刘海儿遮挡住了部分或全部眼睛;③ 人物处于弱光或者背光环境下;④ 人物没有睁开眼睛;⑤ 人物移动幅度较大;⑥ 人物处于阴影中。

⬇ 设定步骤

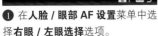

❶ 在**人脸 / 眼部 AF 设置**菜单中选择**右眼 / 左眼选择**选项。

❷ 按▼或▲方向键选择所需的选项。

人脸 / 眼睛检测框

人脸 / 眼睛检测框设定在检测到人的脸部或眼睛时,是否显示人脸检测框或眼部检测框。建议开启此功能,以便拍摄者了解对焦识别情况。

⬇ 设定步骤

❶ 在**人脸 / 眼部 AF 设置**菜单中选择**人脸 / 眼睛检测框**选项。

❷ 按▼或▲方向键选择**开**或**关**选项。

▲ 人脸检测框示意图

动物眼睛显示

动物眼睛显示设定在检测到动物的眼睛时,是否显示眼部检测框。建议开启此功能,以便拍摄者了解对焦识别情况。

⬇ 设定步骤

❶ 在**人脸 / 眼部 AF 设置**菜单中选择**动物眼睛显示**选项。

❷ 按▼或▲方向键选择**开**或**关**选项。

▲ 动物眼睛显示示意图

对焦区域限制

虽然 SONY α6600 微单相机提供了多种自动对焦区域模式，但是每个人的拍摄习惯和拍摄题材不同，这些模式并非都是常用的，甚至有些模式几乎不会用到，因此可以在"对焦区域限制"菜单中自定义选择所需的自动对焦区域选择模式，以简化拍摄时的操作。

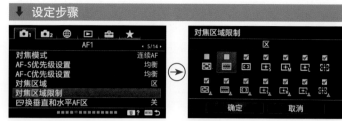

❶ 在**拍摄设置 1 菜单**的第 5 页中，选择**对焦区域限制**选项。

❷ 按▲、▼、◀、▶方向键选择要使用的模式选项，然后按控制拨轮中央按钮添加勾选标志，完成后选择**确定**选项。

在不同的拍摄方向上自动切换对焦点

在切换不同方向拍摄时，常常遇到的一个问题就是需要使用不同的自动对焦点。在实际拍摄时，如果每次切换拍摄方向时都重新选择对焦框或对焦区域无疑是非常麻烦的，利用"换垂直和水平 AF 区"功能，可以实现在不同的拍摄方向拍摄时相机自动切换对焦框或对焦区域的目的。

● 关：选择此选项，无论如何在横拍与竖拍之间进行切换，对焦框或对焦区域的位置都不会发生变化。

● 仅 AF 点：选择此选项，相机可记住水平、垂直方向最后一次使用对焦框的位置。当拍摄时改变相机的取景方向时，相机会自动切换到相应方向记住的对焦框位置。但在此选项设置下，"对焦区域"是固定的。

● AF 点 +AF 区域：选择此选项，相机可记住水平、垂直方向最后一次使用对焦框或对焦区域的位置。当拍摄改变相机的取景方向时，相机会自动切换到相应方向记住的对焦框或对焦区域位置。

❶ 在**拍摄设置 1 菜单**的第 5 页中，选择**换垂直和水平 AF 区**选项。

❷ 按▼或▲方向键选择所需选项，然后按控制拨轮中央按钮确定。

▶ 当选择"AF 点 +AF 区域"选项时，每次垂直方向（相机快门侧朝上）握持相机时，相机会自动切换到上次在此方向握持相机拍摄时使用的对焦框（或对焦区域）。

▶ 当选择"AF 点 +AF 区域"选项时，每次垂直方向（相机快门侧朝下）握持相机时，相机会自动切换到上次在此方向握持相机拍摄时使用的对焦框（或对焦区域）。

▲ 当选择"AF 点 +AF 区域"选项时，每次水平握持相机时，相机会自动切换到上次在此方向握持相机拍摄使用的对焦框（或对焦区域）。

注册自动对焦区域以便一键切换对焦点

在 SONY α 6600 微单相机中可以利用"AF 区域注册功能"菜单先注册好使用频率较高的自动对焦点，然后利用"自定义键"菜单将某一个按钮的功能注册为"保持期间注册 AF 区域"，以便在以后的拍摄过程中，如果遇到了需要使用此自动对焦点才可以准确对焦的情况，通过按下自定义的按钮，可以马上切换到已注册好的自动对焦点，从而使拍摄操作更加流畅、快捷。

↓ 设定步骤

❶ 在**拍摄设置 1 菜单**的第 6 页中，选择 **AF 区域注册功能**选项。

❷ 按▼或▲方向键选择**开**选项，然后按控制拨轮中央按钮确定。

❸ 回到显示屏拍摄界面，使用方向键选择所需的对焦框位置。

❹ 长按 Fn 按钮注册所选的对焦框。

❺ 在**拍摄设置 2 菜单**的第 8 页中选择☑**自定义键**选项。

❻ 按▼或▲方向键选择要注册的按钮选项，然后按控制拨轮中央按钮确定（此处以自定义按钮 1 为例）。

❼ 按◀或▶方向键切换到第 5 功能列表页面，按▼或▲方向键选择**保持期间注册 AF 区域**或**切换注册的 AF 区域**选项，然后按控制拨轮中央按钮确定。

❽ 在拍摄时要使用此功能，只需要按第❻步中被分配好功能的按钮，如在此处被分配的是 C1 按钮。

❾ 此时第❸步中定义的对焦点就会被激活，成为当前使用的对焦点。

 高手点拨：选择"保持期间注册 AF 区域"选项，在拍摄时需要按住注册该功能的按钮不放才能切换已注册的对焦框，然后再按下快门按钮拍摄；选择"切换注册的 AF 区域"选项，按下注册该功能的按钮，即可切换到已注册的对焦框。如果在"自定义键"菜单中选择了"注册的 AF 区域+AF 开启"选项，那么按下注册该功能的按钮时会用所注册的对焦框进行自动对焦。

利用手动对焦实现准确对焦

SONY α6600 微单相机提供了两种手动对焦模式，一种是"MF 手动对焦"，另一种是"DMF 直接手动对焦"，虽然同属于手动对焦模式，但这两种对焦模式却有较大区别，下面分别进行介绍。

MF 手动对焦

遇到下面的情况，相机的自动对焦系统往往无法准确对焦，此时就要采用 MF 手动对焦模式。使用此模式拍摄时，摄影师可以通过转动镜头上的对焦环进行对焦。

- 画面主体处于杂乱的环境中，例如拍摄杂草后面的花朵。
- 画面属于高对比、低反差的画面，例如拍摄日出、日落。
- 弱光摄影，例如拍摄夜景、星空。
- 拍摄距离太近的题材，例如拍摄昆虫、花卉等。
- 主体被覆盖，例如拍摄动物园笼子中的动物、鸟笼中的鸟等。
- 对比度很低的景物，例如拍摄纯色的蓝天、墙壁。
- 距离较近且相似程度又很高的题材，例如照片翻拍等。

DMF 直接手动对焦

DMF 直接手动对焦模式是自动对焦与手动对焦相结合的一种对焦模式，在这种模式下，有两种组合方式，一种是先由相机自动对焦，再由摄影师手动对焦。即拍摄时需要先半按快门按钮，由相机自动对焦，在保持半按快门状态的情况下，转动镜头控制环切换为手动对焦状态，然后对对焦区域进行微调，完成对焦后，直接按下快门按钮完成拍摄。

另一种是先由摄影师手动对焦，然后可以半按快门进行自动对焦调整。这种方法在拍摄时先对后方的被摄对象对焦，但自动对焦系统却对前面的物体合焦的场景时最有效。

此对焦模式适用于拍摄距离较近、体积较小或较难对焦的景物。另外，当需要精准对焦或担心自动对焦不够精准时，亦可采用此对焦方式。

❶ 在**拍摄设置 1 菜单**的第 5 页中，选择**对焦模式**选项。

❷ 按▼或▲方向键选择 **DMF** 或 **MF** 选项。

▲ 当设为 DMF 直接手动对焦或 MF 手动对焦模式时，转动对焦环调整对焦范围。不同镜头的对焦环与变焦环位置不一样，在使用时只需尝试一下，即可分清。

◀ 在拍摄这张小清新风格的照片时，使用了 DMF 直接手动对焦模式，先由相机自动对焦这一枝花，然后摄影师转动对焦环微调对焦，按下快门拍摄即可。『焦距：70mm；光圈：F2.8；快门速度：1/200s；感光度：ISO100』

设置 MF 帮助

MF 帮助的功能是在直接手动或手动对焦模式下，相机将在取景器或液晶显示屏中放大照片，以方便摄影师进行对焦操作。

当此功能被设置为"开"后，使用手动对焦功能时，只要转动控制环调节对焦，电子取景器或液晶显示屏中显示的图像就会被自动放大，如果需要，按控制拨轮上的中央按钮可以继续放大图像。观看放大显示的图像时，可以使用控制拨轮上的▲、▼、◀、▶方向键移动图像。

▲ 在拍摄美食时，对焦的程度关系着美食的诱人程度，因此，使用手动对焦是必要的，而开启"MF 帮助"功能则可以将画面自动放大，使手动对焦更方便。『焦距：50mm；光圈：F5.6；快门速度：1/160s；感光度：ISO100』

▲ 在拍摄蝴蝶时可以开启"MF 帮助"功能，将蝴蝶布满纹理的翅膀拍摄得更清晰。『焦距：90mm；光圈：F5.6；快门速度：1/640s；感光度：ISO200』

设定步骤

❶ 在**拍摄设置1菜单**的第 13 页中，选择 **MF 帮助**选项。

❷ 按▼或▲方向键选择**开**或**关**选项。

❸ 选择"开"选项时，转动镜头上的控制环，照片自动被放大，按控制拨轮上的▲、▼、◀、▶方向键可详细检查对焦点位置是否清晰。

使用峰值判断对焦状态

认识峰值

峰值是一种独特的用于辅助对焦的显示功能，开启此功能后，在使用手动对焦模式进行拍摄时，如果被摄对象对焦清晰，则其边缘会出现标示色彩（通过"峰值色彩"进行设定）的轮廓，以方便拍摄者辨识。

设置峰值强弱水准

在"峰值水平"选项中可以设置峰值显示的强弱程度，包含"高""中""低"3 个选项，分别代表不同的强度，等级越高，颜色标示越明显。

设置峰值色彩

通过"峰值色彩"选项可以设置在开启"峰值水平"功能时，被拍摄对象边缘显示标示峰值的色彩，白色是默认设置。

 高手点拨：在拍摄时，需要根据被拍摄对象的颜色，选择与主体反差较大的色彩，例如拍摄高调对象时，由于大面积为亮色调，所以不适合选择"白"选项，而应该选择与被拍摄对象的颜色反差较大的红色。

❶ 在**拍摄设置 1 菜单**的第 13 页中，选择**峰值设定**选项。

❷ 按▼或▲方向键选择**峰值显示**选项，然后按控制拨轮中央按钮确定。

❸ 按▼或▲方向键选择**开**或**关**选项。

❹ 回到❷中选择**峰值水平**选项。

❺ 按▼或▲方向键选择**高**、**中**或**低**选项。

❻ 回到❷中选择**峰值色彩**选项。

❼ 按▼或▲方向键选择所需的颜色选项。

▲ 开启峰值功能后，相机会用指定的颜色将准确合焦的主体边缘轮廓标示出来，如上方示例图中是选择"蓝色"峰值色彩的显示效果。

临时切换自动对焦与手动对焦

　　使用自动对焦模式拍摄时，如果突然遇到无法自动对焦或需要使用手动对焦进行拍摄的情况，可以通过临时切换为手动对焦模式进行对焦，以提高拍摄成功率。

　　临时切换对焦模式的功能可以在"自定义键"菜单里进行注册。通过将此功能注册为一个按钮，在拍摄时只要按下该按钮，便可实现临时切换对焦模式的操作。

　　当在"自定义键"菜单中选择了要注册的一个按钮后，如果选择"AF/MF 控制保持"选项时，只有按住该注册按钮，才能够临时切换对焦模式，当释放该注册按钮后，则返回至初始对焦模式。

　　当选择"AF/MF 控制切换"选项时，只需按下并释放该注册按钮，即进行对焦模式切换。如果需要返回初始对焦模式，可再次按下该注册按钮。

设定步骤

❶ 在**拍摄设置2菜单**的第8页中，选择 **自定义键**选项。

❷ 按◀或▶方向键选择 1 序号，按▼或▲方向键选择 **AF/MF 按钮**选项，然后按控制拨轮中央按钮（此处以 AF/MF 按钮为例）确定。

❸ 按▼或▲方向键选择 **AF/MF 控制保持**或 **AF/MF 控制切换**选项。

▲ 当按照上面的操作步骤将功能注册到 AF/MF 按钮时，如果需要切换对焦模式，按 AF/MF 按钮即可。

高手点拨：此功能非常实用，例如使用自动对焦模式拍摄时，如果突然遇到无法自动对焦或需要使用手动对焦进行拍摄的情况，即可通过此功能临时切换为手动对焦模式，以提高拍摄的成功率。

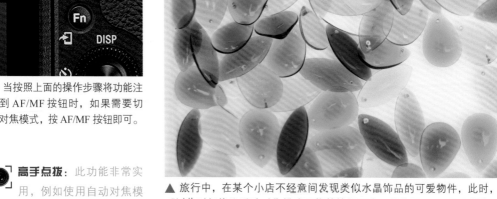

▲ 旅行中，在某个小店不经意间发现类似水晶饰品的可爱物件，此时，可以临时切换为手动对焦模式，将其拍摄下来。『焦距：50mm；光圈：F2.8；快门速度：1/125s；感光度：ISO100 』

设置不同的拍摄模式以适合不同的拍摄对象

　　针对不同的拍摄任务，需要将快门设置成为不同的驱动模式。例如，要抓拍高速移动的物体时，为了保证成功率，可以通过设置使相机能够在按下一次快门后，连续拍摄多张照片。

　　SONY α 6600 微单相机提供了单张拍摄□、连拍▣、定时自拍⊙、定时连拍⊙C、连续阶段曝光 BRK C、单拍阶段曝光 BRK S、白平衡阶段曝光 BRK WB、DRO 阶段曝光 BRK DRO 8 种拍摄模式，下面分别讲解它们的使用方法。

单张拍摄模式

　　在此模式下，每次按下快门都只拍摄一张照片。此模式适用于拍摄静态对象，如风光、建筑、静物等题材。

连拍模式

　　在连拍模式下，每次按下快门，直至释放快门为止，将连续拍摄多张照片。连拍模式在运动人像、动物、新闻、体育等摄影中运用较为广泛，以便于记录精彩的瞬间。在拍摄完成后，可以从其中选择效果最佳的一张或多张，或者通过连拍获得一系列生动有趣的照片。

　　SONY α 6600 微单相机的连拍模式可以选择 Hi+（最高速）、Hi（高速）、Mid（中速）及 Lo（低速）4 种连拍速度。其中，在 Hi+ 模式下，每秒可以最多拍摄 11 张；在 Hi 模式下，每秒可以最多拍摄 8 张。不过需要注意的是，在弱光环境、高速连拍情况下或当剩余电量较少时，连拍的速度可能会变慢。

▲ 操作方法
　　按控制轮上的拍摄模式按钮⊙/▣，然后按▼或▲方向键选择一种拍摄模式。当选项为可进一步设置的拍摄模式时，可以按◄或►方向键选择所需的选项。

▲ 使用连拍模式抓拍女孩跳起的系列动作。

定时自拍模式

在自拍模式下，可以选择"10 秒定时""5 秒定时""2 秒定时"3 个选项，即在按下快门按钮后，分别于 10 秒、5 秒或 2 秒后进行自动拍摄。当按下快门按钮后，自拍定时指示灯闪烁并且发出提示声音，直到相机自动拍摄。

值得一提的是，所谓的自拍模式并非只能给自己拍照，也可以拍摄其他题材。例如，在需要使用较低的快门速度拍摄时，使用三脚架使相机保持稳定，并进行变焦、构图、对焦等操作，然后通过设置自拍模式的方式，以避免手按快门产生抖动，从而拍出满意的照片。

▲ 2 秒自拍适用于弱光摄影，这是由于在弱光下即使使用三脚架保持了相机稳定，也会因为手按快门导致相机轻微抖动而影响画面质量。『焦距：20mm；光圈：F2.8；快门速度：0.7s；感光度：ISO200』

定时连拍模式

在定时连拍模式下，可以选择"10 秒 3 张影像""10 秒 5 张影像""5 秒 3 张影像""5 秒 5 张影像""2 秒 3 张影像""2 秒 5 张影像"6 个选项。如选择了"10 秒 3 张影像"选项，即可在 10 秒后连续拍摄 3 张照片。

此模式可用于拍摄对象运动幅度较小的动态照片，如摄影者自己的跳跃、运动等照片；或者拍摄既需要连拍又要避免手触快门抖动而导致画面模糊的题材时，也可以使用此模式。

此外，在拍摄团体照时，使用此模式可以一次性连拍多张照片，大大增加了拍摄的成功率，避免团体照中出现有人闭眼、扭头等情况。

▲ 设置定时连拍模式后，就可摆好姿势，等待相机连续拍摄 3 张或 5 张照片，拍摄完后即可从中挑选一张不错的照片。『焦距：35mm；光圈：F13；快门速度：1/100s；感光度：ISO100』

连续阶段曝光模式

有时无论摄影师使用的是多重测光还是点测光，都不能实现准确或正确曝光，任何一种测光方法都会给曝光带来一定程度的遗憾。

解决上述问题的最佳方案是使用连续阶段曝光或单拍阶段曝光模式，在这两种拍摄模式下，相机会连续拍摄出 3 张、5 张或 9 张曝光量略有差异的照片，以实现多拍优选的目的。

在实际拍摄过程中，摄影师无须调整曝光量，相机将根据设置自动在第 1 张照片的基础上增加、减少一定的曝光量，拍摄出另外 2 张、4 张或 8 张照片。按此方法拍摄出来的 3 张、5 张或 9 张照片中，总会有一张是曝光相对准确的照片，因此能够提高拍摄的成功率。

如果在拍摄环境光比较大的画面时，可以使用 DRO 阶段曝光模式，在此模式下，相机对画面的暗部及亮部进行分析，以最佳亮度和层次表现画面，且阶段式地改变动态范围优化的数值，然后拍摄出 3 张不同等级的照片。

▲ 操作方法

按控制拨轮上的拍摄模式按钮 ⟳/❑，然后按▼或▲方向键选择连续阶段曝光 **BRK**C 或单拍阶段曝光 **BRK**S 模式，再按◀或▶方向键选择所需级数和张数。

▲ 在不确定要增加曝光还是减少曝光的情况下，可以设置 0.3EV 3 张的阶段曝光，连续拍摄得到 3 张曝光量分别为 +0.3EV、– 0.3EV、0EV 的照片，其中 – 0.3EV 的效果明显更好一些，在细节和曝光方面获得了较好的平衡。

设置测光模式以获得准确曝光

要想准确曝光，前提是做到准确测光，根据微单相机内置测光表提供的曝光数值进行拍摄，一般都可以获得准确曝光。但有时候也不尽然，例如，在环境光线较为复杂的情况下，数码相机的测光系统不一定能够准确识别，若此时仍采用数码相机提供的曝光组合拍摄的话，就会出现曝光失误。在这种情况下，我们应该根据要表达的主题、渲染的气氛进行适当的调整，即按照"拍摄→检查→设置→重新拍摄"的流程进行不断的尝试，直至拍出满意的照片为止。

在使用除手动及 B 门以外的所有曝光模式拍摄时，都需要依据相应的测光模式确定曝光组合。例如，在光圈优先模式下，指定了光圈及 ISO 感光度数值后，可根据不同的测光模式确定快门速度值，以满足准确曝光的需求。因此，选择一个合适的测光模式，是获得准确曝光的重要前提。

多重测光模式

多重测光是最常用的测光模式，在该模式下，相机会将画面分为多个区域，针对各个区域测光，然后将得到的测光数据进行加权平均，以得到适用于整个画面的曝光参数，此模式最适合拍摄光比不大的日常及风光照片。

❶ 在**拍摄设置 1 菜单**的第 8 页中，选择**测光模式**选项。

❷ 按▼或▲方向键选择所需要的测光模式，然后按控制拨轮中央按钮确定。

▼ 画面没有明显的主体或主体与背景的反差较小时应选择多重测光模式，这也是风光摄影中常用的测光模式。

焦距：20mm；光圈：F22；快门速度：2s；感光度：ISO160

中心测光模式

在中心测光模式下，测光会偏向画面的中央部位，但也会同时兼顾其他部分的亮度。

例如，当 SONY α 6600 微单相机在测光后认为，画面中央位置的对象正确曝光组合是 F8、1/320s，而其他区域正确曝光组合是 F4、1/200s 时，由于中央位置对象的测光权重较大，相机最终确定的曝光组合可能会是 F5.6、1/320s，以优先照顾中央位置对象的曝光。

由于测光时能够兼顾其他区域的亮度，因此该模式既能实现画面中央区域的精准曝光，又能保留部分背景的细节。这种测光模式适合拍摄主体位于画面中央位置的题材，如人像、建筑物。

▲ 人像摄影中经常使用中心测光模式，以便能够很好地对主体进行测光。『焦距：50mm；光圈：F2.8；快门速度：1/250s；感光度：ISO100』

整个屏幕平均测光模式

在整个屏幕平均测光模式下，相机将测量整个画面的平均亮度，与多重测光模式相比，此模式的优点是能够在进行二次构图或被摄对象的位置产生了变化时，依旧保持画面整体的曝光不变。即使是在光线较为复杂的环境中拍摄时，使用此模式也能够使照片的曝光更加协调。

▲ 使用整个屏幕平均测光模式拍摄风光时，在小幅度改变构图的情况下，曝光可以保持在一个稳定的状态。『焦距：18mm；光圈：F8；快门速度：1/125s；感光度：ISO100』

强光测光模式 ▣⁺

在强光测光模式下,相机将针对亮部重点测光,优先保证被摄对象的亮部曝光是正确的,在拍摄舞台上聚光灯下的演员、直射光线下浅色的对象时,使用此模式能够获得很好的曝光效果。

不过需要注意的是,如果画面中拍摄主体不是最亮的区域,则被摄主体的曝光可能会偏暗。

▶ 在拍摄T台走秀的照片时,使用强光测光模式可以保证明亮的部分有丰富的细节。『焦距:28mm;光圈:F3.5;快门速度:1/125s;感光度:ISO500』

点测光模式 ▣

点测光是一种高级测光模式,相机只对画面中央区域的很小部分进行测光,具有相当高的准确性。当主体和背景的亮度差异较大时,最适合使用点测光模式进行拍摄。

由于点测光的测光面积非常小,在实际使用时,一定要准确地将测光点(中央对焦点或所选择的对焦点)对准在要测光的对象上。这种测光模式是拍摄剪影照片的最佳测光模式。

此外,在拍摄人像时也常采用这种测光模式,将测光点对准人物的面部或其他皮肤位置,即可使人物的皮肤获得准确曝光。

▲ 利用点测光模式,对场景较亮的区域测光,将人物拍摄成了剪影效果,凸显出他们的轮廓造型。『焦距:200mm;光圈:F8;快门速度:1/1250s;感光度:ISO200』

设置点测光模式的测光圈大小

在使用点测光模式时，摄影师可以设置测光点的区域大小，选择"大"选项时，测光时所测量区域的范围更为宽广一些，选择"标准"选项时，测量区域的范围更窄，所测得的曝光数值也更为精确。

测光圈的位置会根据"点测光点"的设置而不同，若是设为"中间"选项，则在中央区域周围；若是设为"对焦点联动"选项，则在所选对焦点的周围。

❶ 在**拍摄设置1菜单**的第8页中，选择**测光模式**选项。

❷ 按▲或▼方向键选择**点测光**选项，按◀或▶方向键选择**标准**或**大**选项，然后按控制拨轮中央按钮确定。

点测光点

在点测光模式下，如果将对焦区域模式设置为"自由点"或"扩展自由点"模式时，通过此菜单可以设置测光区域是否与对焦点联动。

❶ 在**拍摄设置1菜单**的第8页中，选择**点测光点**选项。

❷ 按▲或▼方向键选择**中间**或**对焦点联动**选项，然后按控制拨轮中央按钮确定。

高手点拨：当使用"自由点"或"扩展自由点"以外的对焦区域模式时，测光区域固定为画面中央。当使用"锁定自由点"或"锁定扩展自由点"对焦区域模式时，如果选择了"对焦点联动"选项，则测光区域与锁定AF的对焦点联动，而不会与被摄对象的跟踪对焦点联动。

● 中间：选择此选项，则只对画面的中央区域测光来获得曝光参数，而不会对对焦点所在的区域进行测光。

● 对焦点联动：选择此选项，那么所选择的对焦点即为测光点，将测量其所在的区域的曝光参数。此选项在拍摄测光点与对焦点处于相同位置的画面时比较方便，可以省去曝光锁定的操作。

第4章
灵活使用照相模式拍出好照片

智能自动模式（ i📷 ）

　　使用智能自动模式拍摄时，相机会自动分析被摄对象并给出适合当前拍摄画面的参数设置，拍摄时只需要调整好构图，然后按下快门按钮，即可拍摄出满意的照片。

　　在智能自动模式下，相机可识别肖像📷、婴儿📷、夜景肖像📷、夜景🌙、背光肖像📷、背光📷、风景⛰、微距🌷、聚光灯📷、低照明条件📷、三脚架夜景📷 11 种场景，相机识别到的场景图标和指示会出现在画面中。

▲ 操作方法

旋转模式旋钮使 AUTO 图标对齐左侧的白色标志处，即为选择智能自动 / 增强自动模式。在自动模式下，相机可以识别当前的拍摄环境，然后以相应的场景模式进行拍摄。

▲ 使用自动模式可以轻松应对多种拍摄场景，由相机自动控制曝光，摄影者只需专注于构图、拍摄即可，非常适合初学者使用。『焦距：80mm；光圈：F8；快门速度：1/320s；感光度：ISO100』

场景选择模式（SCN）

在使用场景选择模式拍摄时，不需要用户对相机的任何参数进行设置，只需要把相机的模式旋钮转至 SCN，然后转动控制转盘即可选择相应的场景模式。

SONY α6600 微单相机提供了肖像模式🌄、运动模式🏃、微距模式🌷、风景模式🏔、黄昏模式🌅、夜景模式🌙、手持夜景模式🖐、夜景肖像模式👤、动作防抖模式📷等 9 种场景模式。

▲ 操作方法

旋转模式旋钮，使 SCN 图标对齐左侧的白色标志处，即为场景选择模式。在场景选择模式下，转动控制转盘选择所需的场景模式。

肖像模式 🌄

在使用肖像模式拍摄时，相机将会以较大的光圈进行拍摄，以获得背景虚化、人像突出的画面效果，同时，相机还会自动对人像面部的皮肤进行柔化处理。

适合拍摄	人像及希望虚化背景的对象
优　　点	能拍摄出层次丰富、肤色柔滑的人像照片，而且能够尽量虚化背景，以便突出主体
特别注意	当拍摄风景中的人物时，色彩可能较柔和

『焦距：50mm；光圈：F2.8；快门速度：1/640s；感光度：ISO100』

运动模式 🏃

使用运动模式拍摄时，相机将使用高速快门，以确保拍摄的动态对象能够清晰成像，该模式特别适合凝固运动对象的瞬间动作。在按住快门期间，相机会连续拍摄以抓拍运动对象的最佳瞬间动作。

适合拍摄	运动对象
优　　点	方便进行运动摄影，凝固瞬间动作
特别注意	当光线不足时会自动提高感光度数值，画面可能会出现较明显的噪点；如果必须使用慢速快门，则应该选择其他曝光模式进行拍摄

焦距：200mm；光圈：F6.7；快门速度：1/1250s；感光度：ISO400

微距模式 🌷

微距模式适合拍摄花卉、静物、昆虫等微小物体。在该模式下，相机将自动使用合适的光圈，以获得主体清晰而背景模糊的效果。需要注意的是，即使选择微距模式，也不会改变镜头的最近对焦距离。

适合拍摄	微小主体，如花卉、昆虫等
优 点	方便进行微距摄影，色彩和锐度较高
特别注意	如果安装的是非微距镜头，那么无论如何也不可能进行近距离的拍摄

『焦距：30mm；光圈：F5；快门速度：1/125s；感光度：ISO200』

风景模式 ▲▲

使用风景模式可以在白天拍摄出色彩艳丽的风景照片，为了保证获得足够大的景深，在拍摄时相机会自动缩小光圈。如果是在较暗的环境中拍摄风景，可以选择夜景模式。

适合拍摄	景深需求较大的风景、建筑等
优 点	色彩鲜明、锐度较高
特别注意	在光线不足的情况下，建议使用三脚架固定相机

『焦距：50mm；光圈：F11；快门速度：1/100s；感光度：ISO100』

黄昏模式 ☁

黄昏模式适合拍摄日出或日落的风景，在此模式下，相机会强化画面的暖色调，可以很好地表现出日出或日落时的氛围。

适合拍摄	日出或日落风景照
优 点	能够拍摄出富有温暖感的画面
特别注意	画面会强调暖色调，若想拍摄其他色调的日出或日落，则应该使用其他模式进行拍摄

『焦距：200mm；光圈：F14；快门速度：1/1000s；感光度：ISO100』

夜景模式 ☽

夜景模式适合拍摄夜间的风景，相机会使用较小的光圈来表现夜晚的灯光璀璨和获得清晰的画面，同时降低快门速度，使照片获得充足的曝光。由于快门速度较慢，需要使用三脚架以保证相机的稳定。

『焦距：17mm；光圈：F10；快门速度：10s；感光度：ISO100』

夜景肖像模式 👤

选择此模式可以拍摄出人物与背景都明亮的夜景人像照片，在此模式下可以使用闪光灯，在闪光灯照亮人物的同时降低快门速度，使画面的背景也能获得足够的曝光。由于快门速度较慢，需要使用三脚架以保证相机的稳定。

焦距：50mm；光圈：F2.8；快门速度：1/10s；感光度：ISO200

手持夜景模式 ✋

手持夜景模式适合手持相机拍摄夜景，相机会自动选择不容易受相机抖动影响的快门速度，连续拍摄照片并在相机内部合成为一张照片，最终得到低噪点、高画质的夜景照片。如果在拍摄夜景时没有携带三脚架，可以考虑使用此模式。

『焦距：24mm；光圈：F4；快门速度：1/40s；感光度：ISO1000』

动作防抖模式 ((👤))

当在光线不足的环境中（如室内、夜景）拍摄时，如果不想开启闪光灯破坏现场气氛，或者在不能开启闪光灯的情况下（如在博物馆、室内拍婴儿）手持拍摄，可以选择此模式拍摄。在此模式下，相机将连拍照片，然后自动合成为一张照片，以减少噪点和避免因相机抖动而导致画面模糊。

焦距：35mm；光圈：F2；快门速度：1/200s；感光度：ISO320

程序自动照相模式（P）

使用 P 挡程序自动照相模式拍摄时，光圈和快门速度由相机自动控制，相机会自动给出不同的曝光组合，此时转动前 / 后转盘可以在相机给出的曝光组合中进行选择。除此之外，白平衡、ISO 感光度、曝光补偿等参数也可以人为地进行调整。

通过对这些参数进行不同的设置，拍摄者可以得到不同效果的照片，而且不用自己去考虑光圈和快门速度的数值就能够获得较为准确的曝光。程序自动照相模式常用于拍摄新闻、纪实等需要抓拍的题材。

在 P 模式下，半按快门按钮，然后转动控制转盘或控制拨轮可以选择不同的快门速度与光圈组合，虽然光圈与快门速度的数值发生了变化，但这些快门速度与光圈组合都可以得到同样的曝光量。

Q：什么是等效曝光？

A：下面我们通过一个拍摄案例来说明这个概念。例如，摄影师在使用 P 挡程序自动照相模式拍摄一张人像照片时，相机给出的快门速度为 1/60s、光圈为 F8，但摄影师希望采用更大的光圈，以便提高快门速度。此时就可以向右转动前 / 后转盘，将光圈增加至 F4，即将光圈调大两挡，而在 P 挡程序自动照相模式下使快门速度也提高了两挡，从而达到 1/250s。1/60s、F8 与 1/250s、F4 这两组快门速度与光圈的组合虽然不同，但可以得到完全相同的曝光结果，这就是等效曝光。

SONY α 6600

▲ 4 种高级照相模式

创意拍摄区

以下这些照相模式可以让您更好地控制拍摄效果：

M：全手动照相模式

S：快门优先照相模式

A：光圈优先照相模式

P：程序自动照相模式

▲ 操作方法

转动模式旋钮，使 P 图标对齐左侧的白色标志处，即为程序自动照相模式。在 P 模式下，曝光测光开启时，转动控制转盘可选择快门速度和光圈的不同组合。

◀ 在节日活动现场抓拍时，使用程序自动照相模式很方便。『焦距：18mm；光圈：F5.6；快门速度：1/100s；感光度：ISO1000』

快门优先照相模式（S）

在快门优先照相模式下，摄影师可以转动控制转盘或控制拨轮，在 1/4000 ～ 30s 的范围中选择所需的快门速度，然后相机会自动计算光圈的大小，以获得正确的曝光。

在拍摄时，快门速度需要根据被摄对象的运动速度及照片的表现形式（即凝固瞬间的清晰还是带有动感的模糊）来确定。要定格运动对象的瞬间，应该用高速快门；反之，如果希望使运动对象在画面中表现为模糊的线条，应该使用低速快门。

▲ 操作方法

转动模式旋钮，使 S 图标对齐左侧的白色标志处，即为快门优先照相模式。在 S 模式下，可以转动控制转盘或控制拨轮调整快门速度值。

◀ 使用较低的快门速度将水流拍出如丝绸般柔顺的效果。『焦距：24mm；光圈：F16；快门速度：2s；感光度：ISO100』

光圈优先照相模式（A）

使用光圈优先照相模式拍摄时，摄影师可以转动控制转盘或控制拨轮，在镜头的最小光圈到最大光圈之间选择所需光圈，相机会根据当前设置的光圈大小自动计算出合适的快门速度值。

光圈优先是摄影中使用最多的一种照相模式，使用该模式拍摄的最大优势是可以控制画面的景深，为了获得更准确的曝光结果，经常和曝光补偿配合使用。

🔘 高手点拨：使用光圈优先照相模式拍摄时，应注意以下两方面的问题：①当光圈过大而导致快门速度超出了相机极限时，如果仍然希望保持该光圈的大小，可以尝试降低ISO感光度的数值，以保证曝光准确；②为了得到大景深而使用小光圈时，应该注意快门速度不能低于安全快门速度。

▲ 操作方法

转动模式旋钮，使 A 图标对齐左侧的白色标志处，即为光圈优先照相模式。在 A 模式下，可以转动控制转盘或控制拨轮调整光圈值。

手动照相模式（M）

在此模式下，相机的所有智能分析、计算功能将不工作，所有拍摄参数都需要由摄影师手动进行设置。使用 M 挡手动照相模式拍摄有以下优点：

首先，使用手动照相模式（M）拍摄时，当摄影师设置好恰当的光圈、快门速度的数值后，即使移动镜头进行再次构图，光圈与快门速度的数值也不会发生变化，这一点不像其他照相模式，在测光后需要进行曝光锁定，才可以进行再次构图。

其次，使用其他照相模式拍摄时，往往需要根据场景的亮度，在测光后进行曝光补偿；而在手动照相模式（M）下，由于光圈与快门速度的数值都由摄影师来设定，在设定时就可以将曝光补偿考虑在内，从而省略了曝光补偿的设置过程。因此，在手动照相模式下，摄影师可以按自己的想法让影像曝光不足，以使照片显得较暗，给人忧伤的感觉；或者让影像稍微过曝，以拍摄出明快的照片。

▲ 操作方法

旋转模式旋钮，使 M 图标对齐左侧的白色标志处，即为手动照相模式。在 M 模式下，转动控制拨轮可以调整快门速度值，转动控制转盘可以调整光圈值。

▼ 在室内拍摄人像时，由于光线、背景不变，所以使用手动照相模式（M）并设置好曝光参数后，就可以把注意力集中在模特的动作和表情上，拍摄将变得更加轻松自如。

『焦距：35mm；光圈：F7.1；快门速度：1/125s；感光度：ISO200 』

『焦距：35mm；光圈：F5.6；快门速度：1/160s；感光度：ISO200 』

在取景器信息显示界面中改变光圈或快门速度时，曝光量标志会左右移动，当曝光量标志位于标准曝光量标志位置的时候，能够获得相对准确的曝光。

如果当前曝光量标志靠近左侧的"–"号时，表明如果使用当前曝光组合拍摄，照片会偏暗（欠曝）；反之，如果当前曝光量标志靠近右侧的"+"号时，表明如果使用当前曝光组合拍摄，照片会偏亮（过曝）。

在其他拍摄状态参数界面中，会在屏幕下方以+、–数值的形式显示，如果显示 +2.0，表示采用当前曝光组合拍摄时，会过曝两挡；如果显示 –2.0，表示这样拍摄会欠曝 2 挡。

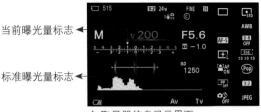

当前曝光量标志 ◄

标准曝光量标志 ◄

▲ 取景器信息显示界面

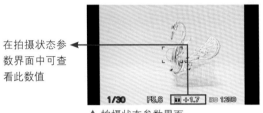

在拍摄状态参数界面中可查看此数值 ◄

▲ 拍摄状态参数界面

B 门模式

使用 B 门模式拍摄时，持续地完全按下快门按钮将使快门一直处于打开状态，直到松开快门按钮时快门才被关闭，即完成整个曝光过程，因此曝光时间取决于快门按钮被按下与被释放的过程。

由于使用这种曝光模式拍摄时，可以实现长时间曝光，因此特别适合拍摄光绘、天体、焰火等需要长时间曝光并手动控制曝光时间的题材。

需要注意的是，使用 B 门模式拍摄时，为了避免所拍摄的照片模糊，应该使用三脚架及遥控快门线辅助拍摄，若不具备这些条件，至少也要将相机放置在平稳的水平面上。

▲ 操作方法

在 M 手动照相模式下，向左转动控制拨轮直至快门速度显示为 BULB，即为 B 门模式。

◄ 使用 B 门模式拍摄到了烟花绽放的画面。『焦距：20mm；光圈：F10；快门速度：30s；感光度：ISO200』

调出存储模式

SONY α6600 微单相机提供了调出存储模式，在模式旋钮上显示为 1、2、3，摄影师可以注册照相模式、光圈值、快门速度值、ISO、拍摄模式、对焦模式、测光模式、创意风格等常用参数设置，对这些项目进行设置，从而保存一些拍摄某类题材常用的参数设置，然后在拍摄此类题材时，将模式旋钮调至相应的序号图标即可快速调出之前使用的参数设置。

例如，若经常拍摄人像题材，可以设置曝光补偿、肖像创意风格、中心测光模式，将光圈设置为 F2.8、感光度设置为 ISO125，然后将这些参数保存为序号 1。

对于经常拍摄风光的摄影师而言，可以将光圈设置为常用的 F8，并设置常用的测光模式、创意风格、纵横比、感光度等参数，将这些参数保存为序号 2。

保存摄影师设定至调出存储模式的操作方法如下：

❶ 将模式旋钮转至想要保存的照相模式图标。

❷ 根据需要调整常用的设定，如光圈、快门速度、ISO 感光度、曝光补偿、对焦模式、对焦区域模式、测光模式等功能的设定。

❸ 按 MENU 按钮显示菜单。在"拍摄设置 1 菜单"中选择"MR 📷1/📷2存储"选项，然后按控制拨轮中央按钮确定。

❹ 按◀或▶方向键选择 1、2 的保存序号，然后按控制拨轮中央按钮确定。

 **高手点拨**：在存储菜单中选择保存序号时，按◀或▶方向键选择了M1～M4序号，那么将会保存设置到存储卡，拍摄时将模式旋钮旋转至"1"或"2"，然后按◀或▶方向键选择想要调出的序号，即可调出该序号保存的参数设置。

▲ 操作方法

旋转模式旋钮，使 1 或 2 图标对齐左侧的白色标志处，即为调出存储模式。

设定步骤

❶ 在**拍摄设置 1 菜单**的第 3 页中，选择MR 📷1/📷2**存储**选项。

❷ 屏幕上会显示当前相机的设置，按▲或▼方向键查看参数设置。按◀或▶方向键选择要保存的序号，然后按控制拨轮中央按钮确认。

◀ 调出存储模式使用起来很方便，可以省去设置一些参数的步骤。『焦距：70mm；光圈：F5.6；快门速度：1/400s；感光度：ISO160』

第 5 章
拍出佳片必须掌握的高级技巧

通过柱状图判断曝光是否准确

柱状图的作用

柱状图是相机曝光所捕获的影像色彩或影调的信息，是一种能够反映照片曝光情况的图示。通过查看柱状图所呈现的信息，可以帮助拍摄者判断曝光情况，并以此做出相应的调整，以得到最佳曝光效果。另外，采用即时取景模式拍摄时，通过柱状图可以检测画面的成像效果，给拍摄者提供重要的曝光信息。

很多摄影师都会陷入这样一个误区，看到显示屏上的影像很棒，便以为真正的曝光结果也会不错，但事实并非如此。这是由于很多相机的显示屏处于出厂时的默认状态，显示屏的对比度和亮度都比较高，令摄影师误以为拍摄到的影像很漂亮，倘若不看柱状图，往往会感觉画面的曝光正合适，但在计算机屏幕上观看时，却发现在相机上查看时感觉还不错的画面，暗部层次却丢失了，即使使用后期处理软件挽回部分细节，效果也不是太好。

因此，在拍摄时要随时查看照片的柱状图，这是唯一值得信赖的判断照片曝光是否正确的依据。

SONY α6600 微单相机在拍摄和播放时都可以显示柱状图。在"DISP 按钮"菜单中注册显示"柱状图"后，当需要查看柱状图时，通过多次按控制拨轮上的 DISP 按钮即可切换到柱状图显示状态。

▲ 在拍摄时，通常可利用柱状图判断画面的曝光是否合适。『焦距：70mm；光圈：F2.8；快门速度：1/500s；感光度：ISO200』

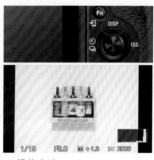

▲ 操作方法

在拍摄时要想显示柱状图，可按 DISP 按钮直至显示柱状图界面。

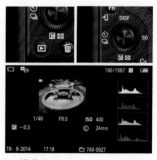

▲ 操作方法

在机身上按 ▶ 按钮播放照片，然后按 DISP 按钮直至显示柱状图界面。

利用柱状图分区判断曝光情况

　　下面这张图标示出了柱状图的每个分区和图像亮度之间的关系，像素堆积在柱状图左侧或者右侧的边缘则意味着部分图像是超出柱状图范围的。其中右侧边缘出现黑色线条表示照片中有部分像素曝光过度，摄影师需要根据情况调整曝光参数，以避免照片中出现大面积曝光过度的区域。如果第 8 分区或者更高的分区有大量黑色线条，代表图像有部分较亮的高光区域，而且这些区域是有细节的。

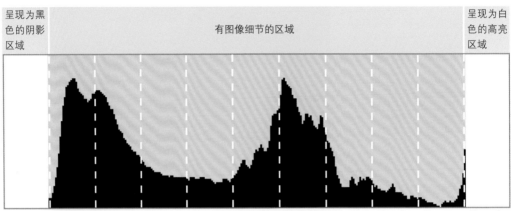

▲ 数码相机的区域系统

分区序号	说明	分区序号	说明
0分区	黑色	第6分区	色调较亮、色彩柔和
第1分区	接近黑色	第7分区	明亮、有质感，但是色彩有些苍白
第2分区	有些许细节	第8分区	有少许细节，但基本上呈模糊苍白的状态
第3分区	灰暗、细节呈现效果不错，但是色彩比较模糊	第9分区	接近白色
第4分区	色调和色彩都比较暗	第10分区	纯白色
第5分区	中间色调、中间色彩		

▲ 柱状图分区说明表

　　要注意的是，0 分区和第 10 分区分别指黑色和白色，虽然在柱状图中的区域大小与第 1 ~ 9 区相同，但实际上它只是代表直方图最左边（黑色）和最右边（白色），没有限定的边界。

认识 3 种典型的柱状图

柱状图的横轴表示亮度等级（从左至右对应从黑到白），纵轴表示图像中各种亮度像素数量的多少，峰值越高，则表示这个亮度的像素数量越多。

所以，拍摄者可通过观看柱状图的显示状态来判断照片的曝光情况，若出现曝光不足或曝光过度，调整曝光参数后再进行拍摄，即可获得一张曝光准确的照片。

▲ 曝光过度

曝光过度的柱状图

当照片曝光过度时，画面中会出现大片白色的区域，很多细节都丢失了，反映在柱状图上就是像素主要集中于横轴的右端（最亮处），并出现像素溢出现象，即高光溢出，而左侧较暗的区域则无像素分布，故该照片在后期无法补救。

曝光准确的柱状图

当照片曝光准确时，画面的影调较为均匀，且高光、暗部和阴影处均无细节丢失，反映在柱状图上就是在整个横轴上从左端（最暗处）到右端（最亮处）都有像素分布，后期可调整的余地较大。

▲ 曝光准确

曝光不足的柱状图

当照片曝光不足时，画面中会出现无细节的黑色区域，丢失了过多的暗部细节，反映在柱状图上就是像素主要集中于横轴的左端（最暗处），并出现像素溢出现象，即暗部溢出，而右侧较亮区域少有像素分布，故该照片在后期也无法补救。

▲ 曝光不足

辩证地分析柱状图

在使用柱状图判断照片的曝光情况时，不能生搬硬套前面所讲述的理论，因为高调或低调照片的柱状图看上去与曝光过度或曝光不足的柱状图很像，但照片并非曝光过度或曝光不足，这一点从右边和下面展示的两张照片及其相应的柱状图中就可以看出来。

因此，检查柱状图后，要视具体拍摄题材和所想要表现的画面效果，灵活地调整曝光参数。

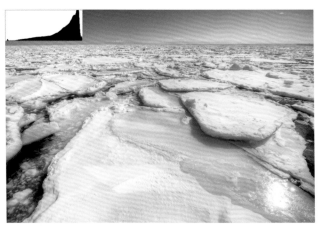

▲ 画面中的白色所占面积很大，虽然柱状图中的线条主要分布在右侧，但这是一幅典型的高调效果的画面，所以应与其他曝光过度照片的直方图区别看待。『焦距：35mm；光圈：F8；快门速度：1/2000s；感光度：ISO100』

▲ 这是一幅典型的低调效果照片，画面中暗调面积较大，直方图中的线条主要分布在左侧，但这是摄影师刻意追求的效果，与曝光不足有本质上的不同。『焦距：17mm；光圈：F4.5；快门速度：1/80s；感光度：ISO200』

设置曝光补偿让曝光更准确

曝光补偿的含义

相机的测光是基于 18% 中性灰建立的。由于微单相机的测光主要是由景物的平均反光率确定的，而除了反光率比较高的场景（如雪景、云景）及反光率比较低的场景（如煤矿、夜景），其他大部分场景的平均反光率都在 18% 左右，这一数值正是灰度为 18% 物体的反光率。因此，可以简单地将相机的测光原理理解为：当所拍摄场景中被摄物体的反光率接近于 18% 时，相机就会做出正确的测光。

▲ 操作方法

按 ☒ 按钮，然后按 ◀ 或 ▶ 方向键调整曝光补偿数值。

所以，在拍摄一些极端环境，如较亮的雪或较暗的弱光环境时，相机的测光结果就是错误的，此时就需要摄影师通过调整曝光补偿来得到想要的拍摄结果，如下图所示。

通过调整曝光补偿数值，可以改变照片的曝光效果，从而使拍摄出来的照片传达出摄影师的表现意图。例如，通过增加曝光补偿，使照片轻微曝光过度得到柔和的色彩与浅淡的阴影，赋予照片轻快、明亮的效果；或者通过减少曝光补偿，使照片变得阴暗。

在拍摄时，是否能够主动运用曝光补偿技术，是判断一位摄影师真正理解摄影的光影奥秘的依据之一。

曝光补偿通常用类似"±nEV"的方式来表示。"EV"是指曝光值，"+1EV"是指在自动曝光的基础上增加 1 挡曝光；"-1EV"是指在自动曝光的基础上减少 1 挡曝光，依此类推。SONY α6600 微单相机的曝光补偿范围为 -5.0 ~ +5.0EV，可以以 1/3EV 或 1/2EV 为单位对曝光进行调整。

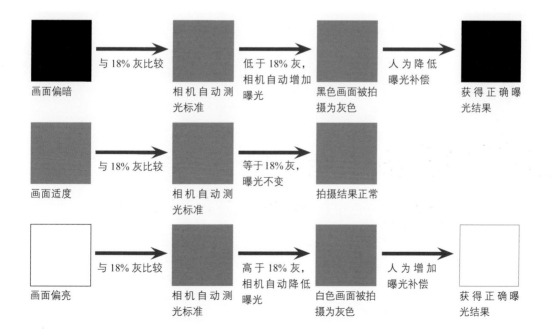

曝光补偿的调整原则

设置曝光补偿时应当遵循"白加黑减"的原则，例如，在拍摄雪景的时候一般要增加 1 ~ 2 挡曝光补偿，这样拍出的雪要白亮很多，更加接近人眼的观察效果；而在被摄主体位于黑色背景前或拍摄颜色比较深的景物时，应该减少曝光补偿，以获得较理想的画面效果。

除此之外，还要根据所拍摄场景中亮调与暗调所占的面积来确定曝光补偿的数值，亮调所占的面积越大，设置的正向曝光补偿值就应该越大；反之，如果暗调所占的面积越大，则设置的负向曝光补偿值就应该越大。

▲ 这幅作品的背景是白色的，拍摄时增加两挡曝光补偿可使画面显得更加洁净，给人以清新、淡雅的感觉。『焦距：50mm；光圈：F5.6；快门速度：1/640s；感光度：ISO100』

▼ 在拍摄类似下面这样的低调作品时，适当地减少曝光补偿可以渲染画面气氛，使其更具视觉冲击力。『焦距：24mm；光圈：F4；快门速度：1/160s；感光度：ISO640』

正确理解曝光补偿

许多摄影初学者在刚接触曝光补偿时，以为使用曝光补偿就可以在曝光参数不变的情况下，提亮或加暗画面，这个想法是错误的。

实际上，曝光补偿是通过改变光圈或快门速度来提亮或加暗画面的，即在光圈优先曝光模式下，如果想要增加曝光补偿，相机实际上是通过降低快门速度来实现的；减少曝光补偿，则是通过提高快门速度来实现的。在快门优先曝光模式下，如果想要增加曝光补偿，相机实际上是通过增大光圈来实现的（当光圈达到镜头所标示的最大光圈时，曝光补偿就不再起作用）；减少曝光补偿，则是通过缩小光圈来实现的。

下面通过展示两组照片及其拍摄参数来佐证这一点。

▲ 焦距：50mm；光圈：F3.2；快门速度：1/8s；感光度：ISO100；曝光补偿：-0.3

▲ 焦距：50mm；光圈：F3.2；快门速度：1/6s；感光度：ISO100；曝光补偿：0

▲ 焦距：50mm；光圈：F3.2；快门速度：1/4s；感光度：ISO100；曝光补偿：+0.3

▲ 焦距：50mm；光圈：F3.2；快门速度：1/2s；感光度：ISO100；曝光补偿：+0.7

从上面展示的 4 张照片中可以看出，在光圈优先曝光模式下，调整曝光补偿实际上是改变了快门速度。

▲ 焦距：50mm；光圈：F4；快门速度：1/4s；感光度：ISO100；曝光补偿：-0.3

▲ 焦距：50mm；光圈：F3.5；快门速度：1/4s；感光度：ISO100；曝光补偿：0

▲ 焦距：50mm；光圈：F3.2；快门速度：1/4s；感光度：ISO100；曝光补偿：+0.3

▲ 焦距：50mm；光圈：F2.5；快门速度：1/4s；感光度：ISO100；曝光补偿：+0.7

从上面展示的 4 张照片中可以看出，在快门优先曝光模式下，调整曝光补偿实际上是改变了光圈大小。

SONY α 6600

Q：为什么有时即使不断增加曝光补偿，所拍摄出来的画面仍然没有变化？

A：发生这种情况，通常是由于曝光组合中的光圈值已经达到了镜头的最大光圈限制。

利用阶段曝光提高拍摄成功率

阶段曝光是一种安全的曝光方法，因为使用这种曝光方法一次能够拍摄出 3 张、5 张或 9 张不同曝光量的照片，实际上就是多拍精选，如果自身技术水平有限、拍摄的场景光线复杂，建议多用这种曝光方法。

▲ 操作方法

按控制轮上的拍摄模式按钮 ⊙/❑，然后按▲或▼方向键选择单拍或连拍阶段曝光模式，再按◄或►方向键选择曝光量和张数选项

为合成 HDR 照片拍摄素材

在风光、建筑摄影中，使用阶段曝光拍摄的不同曝光参数的照片，可以作为合成 HDR 照片的素材，从而得到高光、中间调及暗调都具有丰富细节的照片。

使用 CameraRaw 合成 HDR 照片

在本例中，由于环境的光比较大，因此拍摄了 4 张不同曝光的 RAW 格式照片，以分别显示出高光、中间调及暗部的细节，这是合成 HDR 照片的必要前提，它们的质量会对合成结果产生很大的影响，而且 RAW 格式的照片本身具有极高的宽容度，能够合成出更好的 HDR 效果，然后只需要按照下述步骤在 Adobe CameraRAW 中进行合成并调整即可。

❶ 在 Photoshop 中打开要合成 HDR 的 4 幅照片，并启动 CameraRaw 软件。

❷ 在左侧列表中选中任意一张照片，按 Ctrl+A 组合键选中所有的照片。按 Alt+M 组合键，或单击列表右上角的菜单按钮 ≡，在弹出的菜单中选择"合并到 HDR"选项。

❸ 在经过一定的处理过程后，将显示"HDR 合并预览"对话框，通常情况下，以默认参数进行处理即可。

❹ 单击"合并"按钮，在弹出的对话框中选择文件保存的位置，并以默认的 DNG 格式进行保存，保存后的文件会与之前的素材在一起，显示在左侧的列表中。

❺ HDR 照片的合成已经完成，摄影师可根据需要，在其中适当调整曝光及色彩等属性，直至满意为止。

▲ 选择"合并到 HDR"选项

▲ "HDR 合并预览"对话框

阶段曝光设置

"阶段曝光设置"菜单用于设置阶段曝光的自拍定时时间及曝光顺序。

当在"阶段曝光中自拍定时"中选择了一个时间选项后,相机将在所设定的时间结束后进行阶段曝光拍摄,此功能适用于拍摄曝光时间较长的场景,可以避免手指按下快门按钮时所产生的抖动而造成画面模糊的情况。

当在"阶段曝光顺序"中选择一种顺序之后,拍摄时将按照这一顺序进行拍摄。在实际拍摄中,更改阶段曝光顺序并不会对拍摄结果产生影响,摄影师可以根据自己的习惯进行调整。选择"-→0→+"选项,相机会按照标准曝光量、减少曝光量、增加曝光量的顺序进行拍摄;选择"0→-→+"选项,相机会按照减少曝光量、标准曝光量、增加曝光量的顺序进行拍摄。

⬇ 设定步骤

❶ 在**拍摄设置1菜单**的第3页中,选择**阶段曝光设置**选项。

❷ 按▲或▼方向键选择**阶段曝光中自拍定时**或**阶段曝光顺序**选项,然后按控制拨轮中央按钮确定。

❸ 若在步骤❷中选择了**阶段曝光中自拍定时**选项,按▲或▼方向键选择一个自拍定时选项。

❹ 若在步骤❷中选择了**阶段曝光顺序**选项,按▲或▼方向键选择一个阶段曝光顺序选项。

 高手点拨:如何设定阶段曝光顺序取决于个人习惯,为了避免曝光的跳跃性影响摄影师对阶段曝光级数的判断,建议选择"-→0→+"顺序。

▲ 早上树林里的光线较为复杂,因此摄影师使用了阶段曝光模式拍摄,同时还选择了两秒自拍定时,防止按快门产生的抖动。『焦距:50mm;光圈:F9;快门速度:1/20s;感光度:ISO400』

设置动态范围优化，使画面细节更丰富

在拍摄光比较大的画面时容易丢失细节，当亮部过亮、暗部过暗或明暗反差较大时，启用"DRO（动态范围）"功能可以进行不同程度的校正。

例如，在明亮的阳光直射下拍摄时，拍出的照片中容易出现较暗的阴影与较亮的高光区域，启用"DRO"功能，可以确保所拍摄照片中的高光和阴影区域的细节不会丢失，因为此功能会使照片的曝光稍欠一些，有助于防止照片的高光区域完全变白而显示不出任何细节，同时还能够避免因为曝光不足而使阴影区域中的细节丢失。

开启"DRO"功能后，可以选择动态范围级别选项，以设定相机平衡高光和阴影区域的强度，包括"自动""1～5级"和"关"选项。

当选择"自动"选项时，相机将根据拍摄环境对照片中的各区域进行修改，确保画面的亮度和色调都有一定的细节。

所选择的动态范围级别数值越高，相机修改照片中高光与阴影区域的强度越大。

设定步骤

❶ 在**拍摄设置1菜单**的第11页中，选择 **DRO/自动 HDR** 选项。

❷ 按▲或▼方向键选择 **DRO（动态范围优化）**选项，按◀或▶方向键选择优化等级。

未开启 DRO

DRO—LV1

DRO—LV3

▲ 通过上图的对比可以看出，未开启 DRO 功能时，画面对比强烈；而将动态范围级别设置为 LV1 时，画面对比仅是较为明显；当将动态范围级别设置为 LV3 时，画面对比柔和，高光及阴影部分都有细节表现，但放大后查看会发现阴影部分出现了噪点。

直接拍摄出精美的 HDR 照片

在拍摄大光比场景时，除了使用前面讲述的"DRO（动态范围优化）"功能，还可以通过将此场景拍摄成为 HDR 照片，来使高光部分及暗调部分均有丰富细节的画面。

使用 SONY α6600 微单相机的"自动 HDR"功能，即可以直接拍出 HDR 照片。其原理是先连续拍摄 3 张不同曝光量的照片，然后由相机进行图像合成，从而获得暗调与高光区域都能均匀显示细节的照片。

使用此功能时，需要设置"自动 HDR：曝光差异"选项，用于设定当前拍摄场景中高光部分与阴影部分的曝光等级，可选曝光等级范围在 1.0EV（弱）~ 6.0EV（强），所拍摄场景的明暗反差越大，选择的曝光等级就应该越高。

 高手点拨：在使用"自动 HDR"功能拍摄时，建议使用三脚架或尽量使相机保持稳定，避免在拍摄（连拍 3 张）过程中重新构图，以保证连拍出来的 3 张照片完全一样。还应注意被摄对象也应是静止的，否则会出现重影现象。"自动 HDR"功能只适用于以 JPEG 格式保存的照片。当照片的存储格式被设置为 RAW 或 RAW&JPEG 时，则无法启用此功能。

⬇ 设定步骤

❶ 在**拍摄设置 1 菜单**的第 11 页中，选择 **DRO/ 自动 HDR** 选项。

❷ 按▲或▼方向键选择**自动 HDR** 选项，按◀或▶方向键选择曝光差异等级。

▲ 在拍摄海边夕阳时，背光位置的细节会淹没在阴影里，因此拍摄时使用了"自动 HDR"功能，从而得到了这张亮部细节与暗部细节均十分出色的照片。『焦距：20mm；光圈：F10；快门速度：1/100s；感光度：ISO100』

Q：什么是 HDR 照片？

A：HDR 是英文 High-Dynamic Range 的缩写，意为"高动态范围"。在摄影中，高动态范围指的就是高宽容度，因此 HDR 照片就是具有高宽容度的照片。HDR 照片的典型特点是亮的地方非常亮、暗的地方非常暗，但无论是亮部还是暗部，都有很丰富的细节。

利用间隔拍摄功能进行延时摄影

延时摄影又称"定时摄影"，即利用相机的"间隔拍摄"功能，每隔一定的时间拍摄一张照片，最终形成一组完整的照片，用这些照片生成的视频能够呈现出电视上经常看到的花朵开放、城市变迁、风起云涌的效果。

例如，花蕾的开放约需三天三夜共72小时，但如果每半小时拍摄一个画面，顺序记录其开花的过程，需拍摄144张照片，当用这些照片生成视频并以正常帧频率放映时（每秒24幅），在6秒之内即可重现花朵三天三夜的开放过程，能够给人强烈的视觉震撼。延时摄影通常用于拍摄城市风光、自然风景、天文现象、生物演变等题材。

SONY α6600微单相机有约2420万的有效像素，再搭配使用高分辨率的索尼镜头，这样拍摄出来的系列照片，后期利用Imaging Edge软件可以制作出具有精致细节的4K延时视频。使用SONY α6600进行延时摄影要注意以下几点。

● 一定要使用三脚架稳定相机，并且关闭防抖功

能进行拍摄，否则在最终生成的视频短片中就会出现明显的跳动画面。

● 建议使用全手动曝光模式（M挡），手动设置光圈、快门速度、感光度，以确保所有拍摄出来的系列照片有相同的曝光效果。

● 将对焦方式切换为手动对焦。

● 设置"拍摄开始时间"之前，确认相机的时间和日期是设置正确的。

● 确认相机电池满格，或者使用电源适配器和电源连接线（另购）连接直流电源为相机供电，以确保不会因电量不足而使拍摄中断。

● 在间隔拍摄过程中（包括按快门按钮和开始拍摄之间的时间），无法进行菜单操作，但可以进行拨轮操作。因此，如果要设定菜单功能，需要在按下快门按钮之前进行操作。

● 开始间隔拍摄之前，最好以当前设定参数试拍一张照片查看效果。在间隔拍摄过程中，不会显示自动检测。

▲ 这是使用延时摄影方法拍摄的一组记录日落时分光线与色彩变化的画面。

设定步骤

❶ 在**拍摄设置 1 菜单**的第 3 页中，选择❖**间隔拍摄功能**选项。

❷ 在序号 1 界面中，按▲或▼方向键选择**间隔拍摄**选项，然后按控制拨轮中央按钮确定。

❸ 按▲或▼方向键选择**开**或**关**选项，然后按控制拨轮中央按钮确定。

❹ 若在步骤❷中选择了**拍摄开始时间**选项，按◀或▶方向键选择时间数字框，然后按▲或▼方向键选择所需的时间。设置完成后，按控制拨轮中央按钮确定。

❺ 若在步骤❷中选择了**拍摄间隔**选项，按▲或▼方向键选择所需的时间。设置完成后，按控制拨轮中央按钮确定。

❻ 若在步骤❷中选择了**拍摄次数**选项，按◀或▶方向键选择数字框，然后按▲或▼方向键选择所需的数值。设置完成后，按控制拨轮中央按钮确定。

❼ 若在步骤❷中选择了 **AE 跟踪灵敏度**选项，按▲或▼方向键选择所需的选项，然后按控制拨轮中央按钮确定。

❽ 若在步骤❷中选择了序号 2 的界面，按▲或▼方向键可以对**间隔内的静音拍摄**和**拍摄间隔优先**选项进行设置。

❾ 若在步骤❽中选择了**间隔内的静音拍摄**选项，按▲或▼方向键选择**开**或**关**选项。

❿ 若在步骤❽中选择了**拍摄间隔优先**选项，按▲或▼方向键选择**开**或**关**选项。

- 间隔拍摄：若选择"开"选项，将在所选时间开始间隔拍摄；若选择"关"选项，则关闭间隔拍摄功能。
- 拍摄开始时间：设定从按快门按钮到开始间隔拍摄之间的时间间隔。可以设定在 1 秒～99 分 59 秒之间。
- 拍摄间隔：选择两次拍摄之间的间隔时间。时间可以在 1～60 秒之间设定。
- 拍摄次数：选择间隔拍摄的张数。可以在 1～9999 张之间设定。
- AE 跟踪灵敏度：在间隔拍摄过程中，画面的自动曝光随着环境亮度变化而做出调整。用户可以选择高、中、低的曝光跟踪灵敏度。如果选择了"低"选项，则间隔拍摄过程中的曝光变化将变得更加平滑。
- 间隔内的静音拍摄：选择"开"选项，可以在拍摄过程中使用静音功能。
- 拍摄间隔优先：如果使用 P 和 A 挡曝光模式拍摄，并且快门速度变

得比"拍摄间隔"中设定的时间更长时，是否以拍摄间隔优先。选择"开"选项可确保画面以所选间隔时间进行拍摄，选择"关"选项则可以确保画面正确曝光。

利用"AEL 按钮"锁定曝光参数

曝光锁定顾名思义就是将画面中某个特定区域的曝光值锁定,并依据此曝光值对场景进行曝光。

曝光锁定主要用于如下场合:①当光线复杂而主体不在画面中央位置的时候,需要先对准主体进行测光,然后将曝光值锁定,再进行重新构图、拍摄;②以代测法对场景进行测光,当场景中的光线复杂或主体较小时,可以用其他代测物体进行测光,如人的面部、反光率为18%的灰板、人的手背等,然后将曝光值锁定,再进行重新构图、拍摄。

下面以拍摄人像为例讲解其操作方法。

❶ 将AF/MF/AEL切换杆拨至AEL位置。

❷ 通过使用镜头的长焦端或者靠近被摄者,使被摄者充满画面,半按快门得到一个曝光值,按下AEL按钮锁定曝光值。

❸ 保持AEL按钮的按下状态(画面右下方的❋会亮起),通过改变相机的焦距或者改变与被摄者之间的距离进行重新构图,半按快门对被摄者对焦,合焦后完全按下快门完成拍摄。

📷 **高手点拨**:如果要一直锁定曝光参数,可选择"⌧自定义键"菜单中的"AEL按钮功能"选项,并选择"AE锁定切换"选项。这样即使释放AEL按钮,相机也会以锁定的曝光参数进行拍摄,再次按下该按钮才会取消锁定的曝光参数。

▲ 使用曝光锁定功能后,人物的肤色得到了更好的还原。『焦距:135mm;光圈:F4;快门速度:1/250s;感光度:ISO250』

▲ SONY α6600 的曝光锁定按钮

⬇ 设定步骤

❶ 在**拍摄设置2菜单**的第8页中选择⌧**自定义键**选项。

❷ 按▼或▲方向键选择 **AEL 按钮功能**选项,然后按控制拨轮中央按钮确定。

❸ 按◀或▶方向键切换到第 8 功能列表页面,按▼或▲方向键选择选择 **AE 锁定切换**选项。

▲ 使用长焦镜头拉近女孩的头部,直至其脸部基本充满整个画面,在此基础上进行测光,可以确保人像的面部获得正确曝光。

拍出影音俱佳的视频

拍摄视频的基本流程

使用 SONY α6600 微单相机拍摄视频的操作比较简单，在默认设置下，按下红色 MOVIE 按钮可以从任何照相模式下切换为拍摄动态影像模式，再次按下 MOVIE 按钮停止拍摄。

▲ 按下相机侧面的 MOVIE 按钮。

▲ 录制时，画面中将显示 REC 图标。

① 照相模式
② 存储卡状态
③ 动态影像的可拍摄时间
④ SteadyShot关/开
⑤ 动态影像的文件格式
⑥ 动态影像的帧速率
⑦ 动态影像的记录设置
⑧ NFC有效
⑨ 剩余电池电量

⑩ 测光模式
⑪ 白平衡模式
⑫ 动态范围优化
⑬ 创意风格
⑭ 照片效果
⑮ ISO感光度
⑯ 曝光补偿
⑰ 光圈值
⑱ 音频等级显示
⑲ 快门速度

⑳ 图片配置文件
㉑ AF时人脸优先
㉒ 对焦区域
㉓ 对焦模式

在拍摄视频的过程中，仍然可以设置光圈、快门速度等参数，其方法与拍摄静态照片时的设置方法基本相同，故此处不再进行详细讲解。

在拍摄视频的过程中，连续按 DISP 按钮，可以在不同的信息显示内容之间进行切换。

▲ 显示全部信息

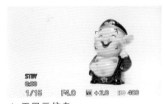

▲ 无显示信息

▲ 柱状图

▲ 数字水平量规

拍摄快或慢动作视频

快或慢动作视频分为快动作拍摄和慢动作拍摄两种。快动作拍摄是记录长时间的变化现象（如云彩、星空的变化，花卉开花的过程等），然后播放时以快速进行播放，从而在短时间之内即可重现事物的变化过程，能够给人强烈的视觉震撼。

慢动作拍摄适合拍摄高速运动题材（如飞溅的浪花、腾空的摩托车、起飞的鸟儿等），可以将短时间内发生的动作变化以更高的帧速率记录下来，并且在播放时可以以4倍或2倍慢速播放，使观众可以更清晰地看到主体在运动中的每个细节。

使用SONY α6600微单相机拍摄快或慢动作视频的操作步骤如下所示。

↓ 设定步骤

❶ 旋转模式旋钮选择 S&Q 模式。

❷ 在**拍摄设置2菜单**的第1页中，选择**S&Q曝光模式**选项。

❸ 按▲或▼方向键选择一个模式选项，然后按控制拨轮中央按钮确定。

❹ 在**拍摄设置2菜单**的第1页中，选择**S&Q慢和快设置**选项。

❺ 按▲或▼方向键选择**S&Q记录设置**或**S&Q帧速率**选项，然后按控制拨轮中央按钮确定。

❻ 若在步骤❺中选择**S&Q记录设置**选项，按▲或▼方向键选择所需的选项。

❼ 若在步骤❺中选择**S&Q帧速率**选项，按▲或▼方向键选择所需的帧速率选项。

当"NTSC/PAL选择器"设置为"PAL"时，播放视频的速度如下表所示。

S&Q帧速率	S&Q记录设置	
	25p	50p
100fps	4倍慢速	—
50fps	2倍慢速	正常的播放速度
25fps	正常的播放速度	2倍快速
12fps	2.08倍快速	4.16倍快速
6fps	4.16倍快速	8.3倍快速
3fps	8.3倍快速	16.6倍快速
2fps	12.5倍快速	25倍快速
1fps	25倍快速	50倍快速

高手点拨： 当将"帧速率"设置为"120fps"或"100fps"选项时，无法将"记录设置"设为"60p"或"50p"选项。

❽ 按红色的MOVIE按钮即可开始录制，当录制完成后再次按MOVIE按钮结束录制。

设置视频文件格式

在"文件格式"菜单中，可以选择视频的录制格式，包含"XAVC S 4K""XAVC S HD"和"AVCHD"3 个选项。

● XAVC S 4K：选择此选项，将以 4K 分辨率（3840 像素 × 2160 像素）记录动态影像。

● XAVC S HD：选择此选项，将以全高清的质量记录动态影像，数据量较大。

↓ 设定步骤

❶ 在**拍摄设置 2 菜单**的第 1 页中，选择**文件格式**选项，然后按控制拨轮中央按钮确定。

❷ 按▲或▼方向键选择一种文件格式选项。

● AVCHD：选择此选项，将以 AVCHD 格式录制视频。此文件格式适用于在高清电视机上观看动态影像。

设置"记录设置"

在"记录设置"菜单中可以选择视频拍摄的帧速率和影像质量。选择不同的尺寸拍摄时，所获得的视频清晰度不同，占用的存储空间也不同。

↓ 设定步骤

❶ 在**拍摄设置 2 菜单**的第 1 页中，选择**记录设置**选项。

❷ 按▲或▼方向键选择所需选项，然后按控制拨轮中央按钮确定。

文件格式：XAVC S 4K	平均比特率	记录
30p 100M/25p 100M ^Super35mm	100Mbit/s	录制3840×2160（30p/25p）尺寸的视频
30p 60M/25p 60M ^Super35mm	60Mbit/s	录制3840×2160（30p/25p）尺寸的视频
24p 100M ^Super35mm	100Mbit/s	录制3840×2160（24p）尺寸的视频
25p 60M ^Super35mm	60Mbit/s	录制3840×2160（24p）尺寸的视频
文件格式：XAVC S HD	**平均比特率**	**记录**
60p 50M ^Super35mm/50p 50M ^Super35mm	50Mbit/s	录制1920×1080（60p/50p）尺寸的视频
60p 25M ^Super35mm/50p 25M ^Super35mm	25Mbit/s	录制1920×1080（60p/50p）尺寸的视频
30p 50M ^Super35mm/25p 50M ^Super35mm	50Mbit/s	录制1920×1080（30p/25p）尺寸的视频
30p 16M ^Super35mm/25p 16M ^Super35mm	16Mbit/s	录制1920×1080（30p/25p）尺寸的视频
24p 50M ^Super35mm	50Mbit/s	录制1920×1080（24p）尺寸的视频
120p 100M/100p 100M	100Mbit/s	录制1920×1080（120p/100p）尺寸的高速视频，使用兼容的编辑设备，可以制作更加流畅的慢动作视频
120p 60M/100p 60M	60Mbit/s	录制1920×1080（120p/100p）尺寸的高速视频，使用兼容的编辑设备，可以制作更加流畅的慢动作视频
文件格式：AVCHD	**平均比特率**	**记录**
60i 24M（FX）^Super35mm/50i 24M（FX）^Super35mm	24 Mbit/s	录制1920×1080（60i/50i）尺寸的视频
60i 17M（FH）^Super35mm/50i 17M（FH）^Super35mm	17 Mbit/s	录制1920×1080（60i/50i）尺寸的视频

以预设色彩拍摄视频

图片配置文件原来常见于索尼的专业摄影机中，它可以控制拍摄出来影像的效果，使拍出的视频画面具有高动态范围或者具有电影色调效果，随着索尼微单相机在视频拍摄方面功能的提升，所以新一代的几款微单相机也都加入了"图像配置文件"功能。

此功能与"创意风格"功能类似，但其可以进行更专业、更细致的调整。在 SONY α6600 微单相机中内置有 10 款图像配置文件，每款都是索尼预设的色彩组合，如果嫌麻烦不想改动设置，那么在 PP1 ~ PP10 间选择所需的模式应用即可。如果想获得更为个性化的色彩，读者可以通过菜单中自定义设置不同的选项。

设定步骤

❶ 在**拍摄设置 1 菜单**的第 11 页中选择**图片配置文件**选项。

❷ 按▲或▼方向键选择所需的选项，然后按▶方向键进入详细设置界面。

❸ 按▲或▼方向键选择要修改的选项，然后按控制拨轮中央按钮确定。

❹ 如果在步骤❷中选择了**黑色等级**选项，按▲或▼方向键选择所需的数值选项。

❺ 如果在步骤❷中选择了**伽玛**选项，按▲或▼方向键选择所需的伽玛选项。

❻ 如果在步骤❷中选择了**黑伽玛**选项，按▲或▼方向键可以选择**范围**和**等级**两个选项。

❼ 如果在步骤❻中选择了**范围**选项，按▲或▼方向键选择所需的范围选项。

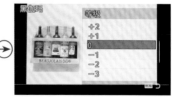

❽ 如果在步骤❻中选择了**等级**选项，按▲或▼方向键选择所需的数值选项。

● 黑色等级：在此选项中可以调整画面中黑色区域的深浅。可调整范围是 ±15，向负值调整会加强黑色，画面的颜色变得更加鲜艳，但是暗部会因黑色色彩较深而损失细节；向正值调整会提升黑色，画面的颜色会变灰，对比度降低。

●伽玛：根据不同亮度下的不同反应值获得的曲线，就是伽玛曲线。在伽玛选项中，可以选择不同的伽玛曲线选项，从而获得不同的画面对比度。可供选择的选项有 Movie、Still、Cine1、Cine2、Cine3、Cine4、ITU709、ITU709（800%）、S-Log2、S-Log3、HLG、HLG1、HLG2、HLG3 等。

▶ Movie：选择此选项，是视频模式用的标准伽玛曲线。"PP1"选项就是使用此伽玛的示例设置。

▶ Still：选择此选项，是静止影像用的标准伽玛曲线。"PP2"选项就是使用此伽玛的示例设置。

▶ Cine1：选择此选项，可以柔化暗部的反差，强调亮部的层次以获得具有轻快色彩的视频画面。"PP5"选项就是使用此伽玛的示例设置。

▶ Cine2：类似于"Cine1"选项，但在此模式下进行了优化，以适应可以最高 100% 的视频信号进行编辑。"PP6"选项就是使用此伽玛的示例设置。

▶ Cine3/Cine4："Cine3"与"Cine1"相比，更加强化了亮度和暗部的反差，并且增强了黑色的层次。而"Cine4"与"Cine3"相比，更加增强了暗部的对比度。

▶ ITU709：相当于 ITU709 的伽玛曲线。"PP3"和"PP4"选项就是使用此伽玛的自然色调和标准色调的示例设置。

▶ ITU709（800%）：以使用"S-Log2"或"S-Log3"拍摄为前提的场景确认用的伽玛曲线。

▶ S-Log2：使用此伽玛曲线拍摄，会保留画面中亮部与暗部的细节，大大提升画面的宽容度，不过画面会比没用伽玛曲线要灰，因此需要后期再对色彩进行调整。"PP7"选项就是使用此伽玛的示例设置。

▶ S-Log3：此伽玛曲线与胶片色调类似，不过与"S-Log2"一样，同样需要后期再对色彩进行调整。"PP8"选项就是使用"色彩模式下"的"S-Log3"伽玛和"S-Gamt3.Cine"的组合示例设置。而"PP9"选项则是使用"色彩模式下"的"S-Log3"伽玛和"S-Gamt3"的组合示例设置。

▶ HLG/HLG1/HLG2/HLG3：这 4 个选项都是 HDR 录制用的伽玛曲线，使用这 4 个伽玛曲线都能够录制出阴影和高光部分都具有丰富细节，并且色彩鲜艳的 HDR 视频，而无须后期再进行色彩处理。这 4 个选项之间的区别是动态范围的宽窄和降噪处理强度，其中"HLG1"在降噪方面控制得最好，而"HLG3"则动态范围更宽广，能够获得更多的细节。"PP10"选项就是使用"HLG2"伽玛的示例设置。

●黑伽玛：用于控制图像阴影部分的层次，而画面的中间区域和高光区域则不受影响。可以对"范围"和"等级"两个参数进行调整，在"范围"选项中选择的范围越宽，调整的区域则越大，反之亦然；在"等级"选项中，向正值调整可以提升暗部亮度，向负值调整，则加大暗部的反差。

▶ 使用"HLG2"伽玛录制视频，可以得到高光与暗部区域都具有丰富细节和色彩的画面。

⬇ 设定步骤

❶ 如果在**图片配置文件**的详细设置界面中选择了**膝点**选项,按▲或▼方向键可以选择**模式**、**自动设定**和**手动设定** 3 个选项。

❷ 如果在步骤❶中选择了**模式**选项,按▲或▼方向键可以选择**自动**或**手动**选项。

❸ 如果在步骤❶中选择了**自动设定**选项,按▲或▼方向键可以对**最大点**和**灵敏度**选项进行设置。

❹ 如果在步骤❶中选择了**手动设定**选项,按▲或▼方向键可以对**点**和**斜率**选项进行设置。

❺ 如果在**图片配置文件**的详细设置界面中选择了**色彩模式**选项,按▲或▼方向键可以选择所需的色彩选项。

❻ 如果在**图片配置文件**的详细设置界面中选择了**饱和度**选项,按▲或▼方向键可以选择所需的数值选项。

●膝点:用于控制图像高光区域,将高光区域的信息压缩在相机的动态范围之内来防止曝光过度。它包含"模式""自动设定"和"手动设定" 3 个选项,如果在模式中选择"自动"选项,则由相机自动设定膝点和斜率;选择"手动"选项,则由摄影爱好者手动设定膝点和斜率。当设置为"自动设定"选项时,可以设置"最大点"(即设定膝点的最高点)和"灵敏度"两个选项;当设定为"手动设定"选项时,可以对"点"和"斜率"分别进行调节。"点"即指开始压缩的亮度起始点;在"斜率"选项中,如果向负值设置,则画面中的高光被压缩得多,高光处的细节也就显示出更多,但画面饱和度会降低,显得较灰,可通过调节色彩进行补偿;向正值设置,则画面中的高光被压缩得少,高光处的细节也就减少,但画面会比较明亮。

❼ 如果在**图片配置文件**的详细设置界面中选择了**色彩相位**选项,按▲或▼方向键可以选择所需的数值选项。

●色彩模式:提供有 11 种色彩模式选项,以获得更具艺术感的影像。不过在"HLG""HLG1""HLG2"和"HLG3" 4 种伽玛设置下,只可以使用"BT.2020"和"709"两种色彩模式。

●饱和度:可以在 ±32 之间增加或减少画面的色彩饱和度。比如使用了膝点,高光区域损失的色彩可以通过此选项来适当补偿。

●色彩相位:可以在 -7(偏向黄绿)至 +7(偏向紫红)调整色彩的色相。调整此选项,不会影响画面的白平衡和色彩亮度。

↓ 设定步骤

 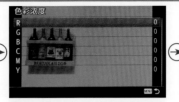 

❶ 如果在**图片配置文件**的详细设置界面中选择了**色彩浓度**选项。

❷ 按▲或▼方向键选择要修改的色彩选项，然后按控制拨轮中央按钮确定。

❸ 按▲或▼方向键选择所需的数值选项。

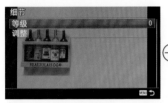  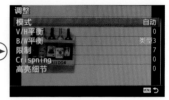

❹ 如果在**图片配置文件**的详细设置界面中选择了**细节**选项，按▲或▼方向键可以选择**等级**和**调整**选项。

❺ 如果在步骤❹中选择了**等级**选项，按▲或▼方向键选择所需的数值选项，然后按下控制拨轮中央按钮确定。

❻ 如果在步骤❹中选择了**调整**选项，按▲或▼方向键可以选择要调整的选项，进行进一步设置。

  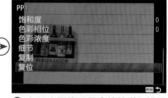

❼ 如果在**图片配置文件**的详细设置界面中选择了**复制**选项，按▲或▼方向键选择一个选项。

❽ 按▲或▼方向键选择**确定**选项，然后按下控制拨轮中央按钮即可复制所选的模式。

❾ 如果在**图片配置文件**的详细设置界面中选择了**复位**选项，然后在下级界面中选择**确定**选项，即可将当前的PP模式的设置复位到默认状态。

● 色彩浓度：可以调整各色相的色彩浓度。向正值设置的数值越高，画面的颜色会越深；向负值设定的数值越低，画面的颜色会越浅。所有选项可以在 ±7 设置，可设置的色彩选项有 R（红）、G（绿）、B（蓝）、C（青）、M（品红）、Y（黄）。

● 细节：包含"等级"和"调整"2 个选项。在"等级"选项中，可以在 ±7 设定画面细节的等级；在"调整"选项中，可以对模式、V/H 平衡（垂直和水平方向的细节）、B/W 平衡（较低和较高细节之间的平衡）、限制、Crispning（边缘轮廓的锐度等级）和高亮细节 6 个项目进行设置。

● 复制：可以将当前图片配置文件的设置复制到其他号码的图片配置文件中。

● 复位：可以将当前修改过的图片配置文件参数设置恢复到默认设置。

■ **高手点拨**：总的来说，如果想要调整影像的层次，可以对"黑色等级""伽玛""黑伽玛"和"膝点"进行调整；如果想要调整影像的色彩，可以对"色彩模式""饱和度""色彩相位""色彩浓度"选项进行调整；而想要调整画面的细节，则修改"细节"选项里的设置即可。图片配置文件的设定同样可以应用到静态照片拍摄中，所以在拍摄时要注意因题材的改变而修改相关的设置。如果在拍摄时不想使用图片配置文件，可以选择"关"选项。

自动低速快门

当在光线不断发生变化的复杂环境中拍摄时，有时候被摄对象会比较暗。通过将"自动低速快门"菜单选项设置为"开"，则当被摄对象较暗时，相机会自动降低快门速度来获得曝光正常的画面；而选择"关"选项时，虽然拍摄的画面会比选择"开"选项时暗，但是被摄对象会更清晰一些，因此能够更好地拍摄景物。

⬇ 设定步骤

❶ 在**拍摄设置2菜单**的第2页中，选择**自动低速快门**选项。

❷ 按▲或▼方向键选择**开**或**关**选项，然后按控制拨轮中央按钮确定。

AF 驱动速度

在"AF驱动速度"菜单中，可以设置录制视频时的自动对焦的速度。

在录制体育运动等运动幅度很大的画面时，可以将其设定为"高速"，而如果想要在被摄对象移动期间平滑地进行对焦时，则设定为"低速"。

⬇ 设定步骤

❶ 在**拍摄设置2菜单**的第2页中，选择**AF 驱动速度**选项。

❷ 按▲或▼方向键选择**高速**、**标准**或**低速**选项，然后按控制拨轮中央按钮确定。

AF 跟踪灵敏度

当录制视频时，可通过此菜单设置对焦的灵敏度。

选择"标准"选项，在有障碍物出现或有人横穿而遮挡被拍摄对象时，相机将忽略障碍对象继续跟踪对焦被摄对象；选择"响应"选项，则相机会忽视原被拍摄对象，转而对焦于障碍对象。

⬇ 设定步骤

❶ 在**拍摄设置2菜单**的第2页中，选择**AF 跟踪灵敏度**选项。

❷ 按▲或▼方向键选择**响应**或**标准**选项，然后按控制拨轮中央按钮确定。

使用 Wi-Fi 功能拍摄的三大优势

自拍时摆造型更自由

使用手机自拍，虽然操作方便、快捷，但效果不尽如人意。而使用数码卡片相机自拍时，虽然效果很好，但操作起来却很麻烦。通常在拍摄前要选好替代物，以便于相机锁定焦点，在拍摄时还要准确地站立在替代物的位置，否则有可能导致焦点不实，更不用说还存在是否能捕捉到最灿烂笑容的问题。

但如果使用 SONY α6600 微单相机的 Wi-Fi 功能，则可以很好地解决这一问题。只要将智能手机注册到 SONY α6600 微单相机的 Wi-Fi 网络中，就可以将相机液晶显示屏中显示的影像，以直播的形式显示到手机屏幕上。这样在自拍时就能够很轻松地确认自己有没有站对位置、脸部是否摆在最漂亮的角度、笑容够不够灿烂等，通过手机屏幕观察后，就可以直接用手机控制快门进行拍摄。

在拍摄时，首先要用三脚架固定相机；然后再找到合适的背景，通过手机观察自己所站的位置是否合适，自由地摆出个人喜好的造型，并通过手机确认姿势和构图；最后通过操作手机控制释放快门完成拍摄。

在更舒适的环境下遥控拍摄

在野外拍摄星轨的摄友，大多体验过刺骨的寒风和蚊虫的叮咬。这是由于拍摄星轨通常都需要长时间曝光，而且为了避免受到城市灯光的影响，拍摄地点通常选择在空旷的野外。因此，虽然拍摄的成果令人激动，但拍摄的过程的确是一种煎熬。

利用 SONY α6600 微单相机的 Wi-Fi 功能可以很好地解决这一问题。只要将智能手机注册到 SONY α6600 微单相机的 Wi-Fi 网络中，摄影师就可以在遮风避雨的拍摄场所，如汽车内、帐篷中，通过智能手机进行拍摄。

这一功能对于喜好天文和野生动物摄影的摄友而言，绝对值得尝试。

以特别的角度轻松拍摄

虽然 SONY α6600 微单相机的液晶显示屏是可倾斜屏幕，但如果以较低的角度拍摄，仍然不是很方便，利用 SONY α6600 微单相机的 Wi-Fi 功能也可以很好地解决这一问题。

当需要以非常低的角度拍摄时，可以在拍摄位置固定好相机，然后通过智能手机实时显示的画面查看图像并释放快门。即使在拍摄时需要将相机贴近地面进行拍摄，摄影师也只需站在相机的旁边，通过手机控制，轻松、舒适地抓准时机进行拍摄。

除了在非常低的角度进行拍摄外，当需要以一个非常高的角度进行拍摄时，也可以使用这种方法。

在智能手机上安装 Imaging Edge Mobile

使用智能手机遥控 SONY α6600 微单相机时，需要在智能手机中安装 Imaging Edge Mobile 程序。Imaging Edge Mobile 可在 SONY α6600 微单相机与智能设备之间建立双向无线连接。连接后可将使用照相机所拍的照片下载至智能设备，也可以在智能设备上显示照相机镜头视野从而遥控照相机。

如果使用的是苹果手机，可从 APP Store 下载安装 Imaging Edge Mobile 的 iOS 版本；如果所使用手机的操作系统是安卓系统，则可以从豌豆荚、91手机助手等 APP 下载网站下载 Imaging Edge Mobile 的安卓版本。

▲ Imaging Edge Mobile 程序图标

从相机中发送照片到手机的步骤

在 SONY α6600 微单相机的"发送到智能手机"菜单中，可以选择"在本机上选择"和"在智能手机上选择"两个选项，下面详细讲解将相机存储卡中的照片发送至手机的操作步骤。

↓ 设定步骤

❶ 按 MENU 按钮，在**网络菜单1**中选择**发送到智能手机功能**选项，然后按控制拨轮中央按钮确定。

❷ 按▲或▼方向键选择**发送到智能手机**选项，然后按控制拨轮中央按钮确定。

❸ 按▲或▼方向键选择**在本机上选择**选项，然后按控制拨轮中央按钮确定。

❹ 按▲或▼方向键选择所需选项，然后按控制拨轮中央按钮（此处以选择**这个影像**选项为例）确定。

❺ 然后将显示连接二维码，此时需使用智能手机扫描进行连接。

 高手点拨：也可以在回放状态下，按下 Fn 按钮显示发送到手机的界面。

完成上述步骤的设置工作后，下一步骤中需要启用智能手机的 Wi-Fi 功能，并接入 SONY α 6600 微单相机的 Wi-Fi 网络。

↓ 设定步骤

❶ 启用 Imaging Edge Mobile 软件，点击红框所示的选项。

❷ 点击红框所示的选项，然后将手机对准相机屏幕上的二维码进行扫描连接。

❸ 点击选择**加入**选项。

❹ 与相机连接成功后，将进行照片传输。

如果在"发送到智能手机"菜单中，选择了"在智能手机上选择"选项，连接 Wi-Fi 网络并启用 Imaging Edge Mobile 软件，将在手机上显示相机存储卡中的照片。

↓ 设定步骤

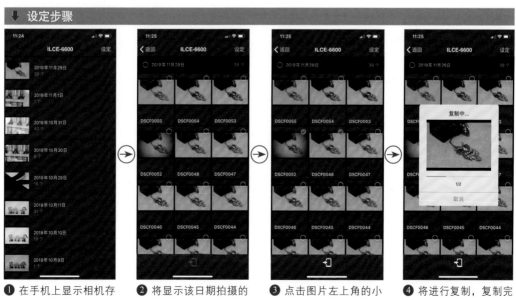

❶ 在手机上显示相机存储卡中的各个日期列表中，点击要传输照片的某个日期。

❷ 将显示该日期拍摄的所有照片。

❸ 点击图片左上角的小圆圈处，选中要传输的照片，然后点击红框所在的图标。

❹ 将进行复制，复制完成后，可以在手机上查看照片。

用智能手机进行遥控拍摄的步骤

将 SONY α 6600 微单相机连接到手机进行拍摄时,需要先在"网络菜单 1"中开启"使用智能手机控制"功能,然后在手机上连接 Wi-Fi 并打开 Imaging Edge Mobile 软件。在使用软件时,不仅可以在手机上拍摄照片,还可以在拍摄前进行设置,如快门速度、感光度、光圈、白平衡、连拍、自拍等选项。

↓ 设定步骤

❶ 在**网络菜单 1** 中选择**使用智能手机控制**选项,然后按控制拨轮中央按钮确认。

❷ 按▲或▼方向键选择**使用智能手机控制**选项,然后按控制拨轮中央按钮确定。

❸ 按▲或▼方向键选择**开**选项。

❹ 按▲或▼方向键选择**连接**选项,然后按控制拨轮中央按钮确定。

❺ 将会在屏幕上显示连接二维码,此时用手机扫描该二维码连接即可。

❻ 手机连接 Wi-Fi 后启动软件,出现此拍摄界面,在此界面中可以设置白平衡、光圈、ISO 感光度、自拍、连拍选项。

❼ 这是在手机上显示的设置界面及可以设置的项目。

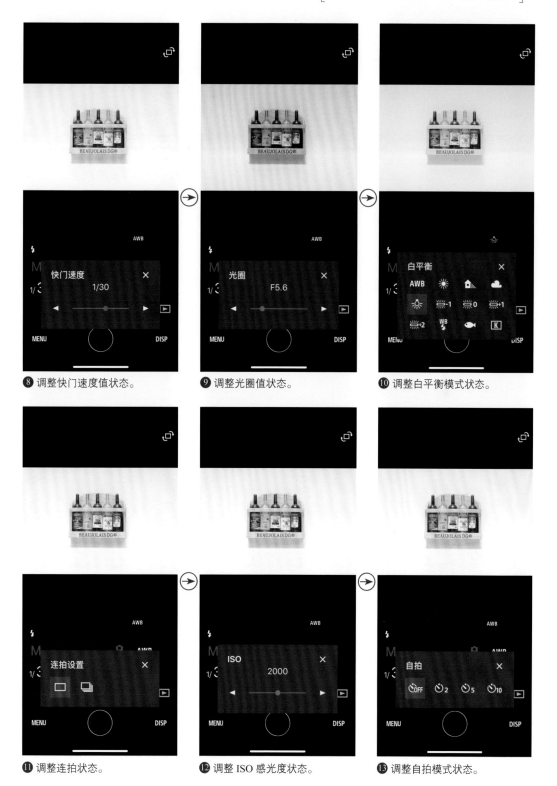

⑧ 调整快门速度值状态。　　⑨ 调整光圈值状态。　　⑩ 调整白平衡模式状态。

⑪ 调整连拍状态。　　⑫ 调整 ISO 感光度状态。　　⑬ 调整自拍模式状态。

第 6 章
SONY α 6600 微单相机镜头
选择与使用技巧

镜头标识名称解读

通常镜头名称中会包含很多数字和字母，索尼 E 系列的镜头专用于索尼 APS-C 画幅微单机型，采用了独立的命名体系，各数字和字母都有特定的含义，熟记这些数字和字母代表的含义，就能很快地了解一款镜头的性能。

▲ E 18-200mm F3.5-6.3 OSS 镜头

E 18-200mm F3.5-6.3 OSS
❶ ❷ ❸ ❹

❶ E：代表此镜头适用于索尼 APS-C 画幅微单相机。

❷ 18-200mm：代表镜头的焦距范围。

❸ F3.5-6.3：代表此镜头在广角端 18mm 焦距时可用最大光圈为 F3.5，在长焦端 200mm 焦距时可用最大光圈为 F6.3。

❹ OSS（Optical Steady Shot）：代表此镜头采用光学防抖技术。

高手点拨：安装卡口适配器后，可以将 A 卡口的镜头安装在包括 SONY α6600在内的多种微单相机上。

镜头焦距与视角的关系

每款镜头都有其固有的焦距，焦距不同，拍摄视角和拍摄范围也不同，而且不同焦距下的透视、景深等效果也有很大的区别。例如，在使用广角镜头的 14mm 焦距拍摄时，其视角能够达到 114°；而使用长焦镜头的 200mm 焦距拍摄时，其视角只有 12°。不同焦距镜头对应的视角如右图所示。

由于不同焦距镜头的视角不同，因此，不同焦距镜头适用的拍摄题材也有所不同。比如焦距短、视角宽的镜头常用于拍摄风光；而焦距长、视角窄的镜头常用于拍摄体育运动员、鸟类等位于远处的对象。

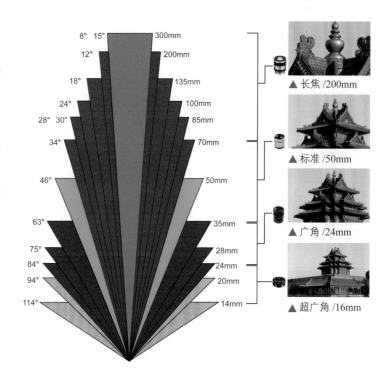

▲ 长焦 /200mm
▲ 标准 /50mm
▲ 广角 /24mm
▲ 超广角 /16mm

理解焦距转换系数

SONY α6600 微单相机使用的是 APS-C 画幅的 CMOS 感光元件（23.5mm×15.6mm），由于其尺寸要比全画幅的感光元件（36mm×24mm）小，因此其视角也会变小（即焦距变长）。但为了与全画幅相机的焦距数值统一，也为了便于描述，一般可以通过换算的方式得到一个等效焦距，其中索尼 APS-C 画幅相机的焦距换算系数为 1.5。

因此，在使用同一支镜头的情况下，如果将其装在全画幅相机上，焦距为 100mm；而将其装在 SONY α6600 微单相机上时，其焦距就变为了 150mm，用公式表示为：APS-C 等效焦距 = 镜头实际焦距 × 转换系数（1.5）。

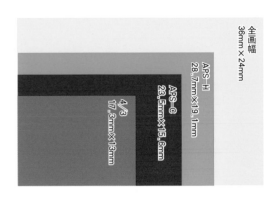

Q：为什么画幅越大视野越宽？

A：常见的相机画幅有中画幅、全画幅（即 135 画幅）、APS-C 画幅、4/3 画幅等。画幅尺寸越大，纳入画面的景物也就越多，所呈现出来的视野也就显得越宽广。

在右侧的示例图中，展示了 50mm 焦距画面在 4 种常见画幅上的视觉效果。拍摄时相机所在的位置不变，但由照片可以看出，画幅越大所拍摄到的景物越多，50mm 焦距在中画幅相机上显示的效果就如同使用广角镜头拍摄，在 135 画幅相机上是标准镜头，在 APS-C 画幅相机上就成为中焦镜头，在 4/3 相机上就算长焦镜头。因此，在其他条件不变的前提下，画幅越大则画面视野越宽广，画幅越小则画面视野越狭窄。

▲中画幅

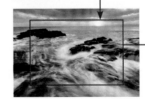

▲全画幅

▲APS-C 画幅

▲4/3 画幅

常用镜头点评

Vario-Tessar T* E 16-70mm F4 ZA OSS 广角镜头

这款镜头采用内置光学图像稳定系统，在弱光环境下手持拍摄时，可有效补偿相机抖动带来的影响。此镜头的焦段覆盖了从广角到中焦的常用焦距，是典型的标准变焦镜头，可用于拍摄人像、风光等常见题材。

这款镜头使用了 1 块 ED 低色散玻璃镜片，能有效减少光线的色散，提高画面的反差和分辨率；使用了 4 片非球面镜片，能大大降低广角的成像畸变，保证其具有出众画质。

由于此镜的外形纤薄，因此搭配 SONY α6600 微单相机使用时，整体比例感觉很协调，携带也很方便。

镜片结构	12组16片
最大光圈	F4
最小光圈	F22
最近对焦距离（m）	0.35
滤镜尺寸（mm）	55
规格（mm）	约66.6×75
质量（g）	约308

E 18-200mm F3.5-6.3 OSS 变焦镜头

此镜头最大的优点就是变焦范围大，其变焦比达到了惊人的 11 倍，焦段覆盖了广角到长焦，可用于拍摄人像、运动、风景、动物、静物等多种题材。

但由于变焦倍率太大，所以整体成像质量一般，而且经测试证实，在使用此镜头的最大焦距段（200mm）拍摄时，对焦速度较慢。

此镜头具有光学防抖功能，因此可以保证手持拍摄时画面的画质，在使用镜头的长焦端或在弱光环境下拍摄时这一功能非常有用。

镜片结构	12组17片
最大光圈	F3.5 ~ F6.3
最小光圈	F22 ~ F40
最近对焦距离（m）	0.3（18mm焦距） 0.5（200mm焦距）
滤镜尺寸（mm）	约67
规格（mm）	约75.5×99
质量（g）	约524

E 55-210mm F4.5-6.3 OSS 变焦镜头

此镜头的表面为金属拉丝材质，对焦环和变焦环使用的是黑色橡胶材质，外观大气、精致，使用时手感非常舒适。

此镜头具有光学防抖功能，可以保证在弱光环境下手持拍摄的画质。

此镜头的变焦比为 3.8 倍，其长焦端的焦距达到了 210mm，因此非常适合拍摄体育运动员、野生动物等题材。

选购此镜头后，建议再选购索尼 E 18-55mm F3.5-5.6 OSS 镜头，从而用两支镜头覆盖 18 ~ 210mm 的焦距段，实现"两支镜头走天下"的目标。

镜片结构	9组13片
最大光圈	F4.5 ~ F6.3
最小光圈	F22 ~ F32
最近对焦距离（m）	约1.0
滤镜尺寸（mm）	约49
规格（mm）	约63.8 × 108
质量（g）	约345

E 50mm F1.8 OSS 定焦镜头

索尼 E 50mm F1.8 OSS 是一款标准定焦镜头，镜身为银色金属拉丝表面，安装在 SONY α6600 机身上，视觉效果非常好。

这款镜头的最大光圈为 F1.8，使用最大光圈拍摄时，即使光线并不充足，也能够从容拍摄。此外，还可以使背景呈现出优秀的虚化效果。

此款镜头具有光学防抖功能，可以提供相当于提高 4 挡快门速度的抖动补偿，这就意味着即使在昏暗的场景中拍摄，也可以轻松获得清晰的成像效果。新颖的光学设计及圆形光圈叶片镜片，可以有效减少画面的畸变和色差。

此镜头特别适合拍摄人像、街景、静物等题材。

镜片结构	8组9片
最大光圈	F1.8
最小光圈	F22
最近对焦距离（m）	0.39
滤镜尺寸（mm）	约49
规格（mm）	约62 × 62
质量（g）	约202

FE 90mm F2.8 G OSS 微距镜头

　　这款微距镜头做工十分扎实，重量也十分轻巧，镜头的最大光圈为 F2.8，镜头的最近对焦距离为 28cm，可以实现 1∶1 的拍摄放大倍率。这款镜头虽然是一款微距镜头，但是还兼具完美的虚化效果，以及高清晰度成像功能，因此也非常适合拍摄人像。

　　在 SONY α 6600 微单相机上安装此镜头后，拍摄出的画面清晰、锐利，特别适合近距离拍摄食品、花卉、小景等题材，也可用于拍摄人文、纪实等题材。

镜片结构	11组15片
最大光圈	F2.8
最小光圈	F22
最近对焦距离（m）	约0.28
滤镜尺寸（mm）	62
规格（mm）	约79×30.5
质量（g）	约602

▼ 使用带有防抖功能的专业级微距镜头拍摄出了主体清晰而背景呈漂亮虚化效果的照片。『焦距：90mm；光圈：F2.8；快门速度：1/500s；感光度：ISO200』

与镜头相关的常见问题解答

Q：如何准确理解焦距?

A：镜头的焦距是指对无限远处的被摄对象对焦时镜头中心到成像面的距离，一般用长短来描述。焦距变化带来的不同视觉效果主要体现在视角上。

视野宽广的广角镜头，光照射进镜头的入射角度较大，镜头中心到光集结起来的成像面之间的距离较短，对角线视角较大，因此能够拍出场景更广阔的画面；而视野窄的长焦镜头，光的入射角度较小，镜头中心到成像面的距离较长，对角线视角较小，因此适合以特写的景别拍摄远处的景物。

Q：什么是微距镜头?

A：放大倍率大于或等于 1∶1 的镜头，即为微距镜头。市场上微距镜头的焦距从短到长，各种类型都有，而真正的微距镜头主要是根据其放大倍率来定义的。放大倍率 = 影像大小∶被摄体的实际大小。

如放大倍率为 1∶10，表示被摄对象的实际大小是影像大小的 10 倍，或者说影像大小是被摄对象实际大小的 1/10。放大倍率为 1∶1 则表示被摄对象的实际大小等于影像大小。

根据放大倍率，微距摄影可以细分为近距摄影和超近距摄影。虽然没有很严格的定义，但一般认为近距摄影的放大倍率为 1∶10 至 1∶1，超近距摄影的放大倍率为 1∶1 至 6∶1，当放大倍率大于 6∶1 时，就属于显微摄影的范围了。

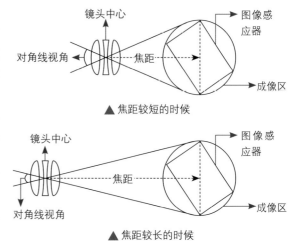

▲ 焦距较短的时候

▲ 焦距较长的时候

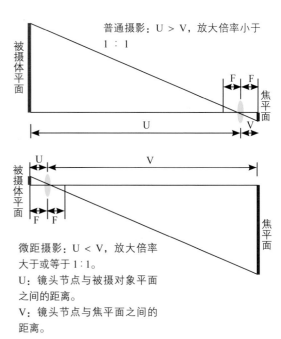

微距摄影：U < V，放大倍率大于或等于 1∶1。

U：镜头节点与被摄对象平面之间的距离。

V：镜头节点与焦平面之间的距离。

Q：什么是对焦距离?

A：所谓对焦距离是指从被摄对象到成像面（图像感应器）的距离，以相机焦平面标记到被摄对象合焦位置的距离为计算基准。

许多摄影师常常将其与镜头前端到被摄对象的距离（工作距离）相混淆，其实对焦距离与工作距离是两个不同的概念。

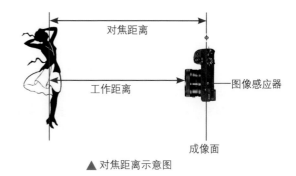

▲ 对焦距离示意图

Q：什么是最近对焦距离?

A：最近对焦距离是指能够对被摄对象合焦的最短距离。也就是说，如果被摄对象到相机成像面的距离短于该距离，那么就无法完成合焦，即与相机的距离小于最近对焦距离的被摄对象将会被全部虚化。在实际拍摄时，拍摄者应根据被摄对象的具体情况和拍摄目的来选择合适的镜头。

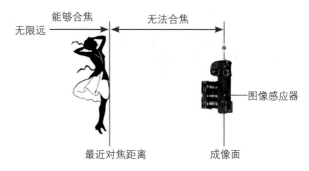

▲ 最近对焦距离示意图

Q：什么是镜头的最大放大倍率?

A：最大放大倍率是指被摄对象在成像面上的成像大小与实际大小的比率。如果拥有最大放大倍率为等倍的镜头，就能够在图像感应器上得到和被摄对象大小相同的图像。

对于数码照片而言，因为可以使用比图像感应器尺寸更大的回放设备（如计算机等）进行浏览，所以成像看起来如同被放大一般，但最大放大倍率还是应该以在成像面上的成像大小为基准。

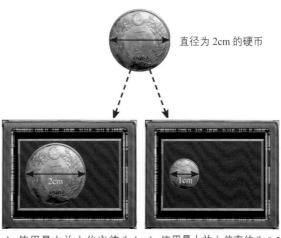

直径为 2cm 的硬币

▲ 使用最大放大倍率约为 1 倍的镜头拍摄到最大的形态，在图像感应器上的成像直径为 2cm。

▲ 使用最大放大倍率约为 0.5 倍的镜头拍摄到最大的形态，在图像感应器上的成像直径为 1cm。

Q：变焦镜头中最大光圈不变的镜头是否性能更加优越？

A：变焦镜头的最大光圈有两种表示方法，分别由一个数字组成和由两个数字组成（例如F6.3或F3.5-6.3）。前者是在任何焦段中最大光圈值都不变的"固定光圈值"；后者是根据焦段不同，最大光圈不断变化的"非固定光圈值"。镜头最大光圈的变化，在有效口径一定的变焦镜头中是必然现象，不能用来作为判断镜头性能是否优异的标准。

Q：什么情况下应使用广角镜头拍摄？

A：如果拍摄照片时有以下需求，可以使用广角镜头进行拍摄。

● 更大的景深：在光圈和拍摄距离相同的情况下，与标准镜头或长焦镜头相比，使用广角镜头拍摄的场景清晰，范围更大，因此可以获得更大的景深。

● 更宽的视角：使用广角镜头可以将更宽广的场景容纳在取景框中，且焦距越短，能够拍摄到的场景越宽。因此，拍摄风景时可以获得更广阔的背景，拍摄合影时可以在一张照片中容纳更多的人。

● 需要手持拍摄：使用短焦距拍摄要比使用长焦距更稳定，例如使用14mm焦距拍摄时，完全可以手持相机并使用较低的快门速度拍摄，而不必担心相机的抖动问题。

● 透视变形：使用广角镜头拍摄时，被摄对象距离镜头越近，其在画面中的变形幅度也就越大，虽然这种变形不成比例，但如果在拍摄时要使其从整幅画面中凸显出来，则可以使用这种透视变形来突出强调前景中的被摄对象。

Q：使用广角镜头的缺点是什么？

A：广角镜头虽然非常有特色，但也存在一些缺陷。

● 边角模糊：对于广角镜头，特别是广角变焦镜头来说，最常见的问题是照片四角模糊。这是由镜头的结构导致的，因此这个现象较为普遍，尤其是使用F2.8、F4这样的大光圈时。在廉价广角镜头中，这种现象更严重。

● 暗角：由于进入广角镜头的光线是以倾斜的角度进入的，此时光圈的开口不再是一个圆形，而是类似于椭圆的形状，因此照片的四角处会出现变暗的情况，如果缩小光圈，则可以减弱这个现象。

● 桶形失真：使用广角镜头拍摄的图像中，除中心位置以外的直线将呈现向外弯曲的形状（好似一个桶的形状），因此在拍摄人像、建筑等题材时，会导致所拍摄出来的照片失真。

Q：怎么拍出没有畸变与透视感的照片？

A：要想拍出畸变小、透视感不强烈的照片，就不能使用广角镜头进行拍摄，而是选择一个较远的距离，使用长焦镜头拍摄。这是因为在远距离下，长焦镜头可以减少近景与远景间的纵深感从而形成压缩效果，因而容易得到畸变小、透视感弱的照片。

Q：使用脚架进行拍摄时是否需要关闭防抖功能？

A：一般情况下，使用脚架拍摄时需要关闭防抖功能，这是为了防止防抖功能将脚架的调整误检测为手的抖动。

第 7 章
用附件为照片增色的技巧

存储卡：容量及读/写速度同样重要

SONY α6600 微单相机可以使用 SD、SDHC 或 SDXC 存储卡，还可以使用 UHS-I Speed Class SDHC 和 SDXC 存储卡。在购买时，建议不要直接买一张大容量的存储卡，而是购买两张总和与一张一样的存储卡。比如，需要 128GB 的空间，则建议购买两张 64GB 的存储卡，虽然在使用时有换卡的麻烦，但两张卡同时出现故障的概率要远小于一张卡出故障的概率。

Q：什么是 SDHC 型存储卡？

A：SDHC 是 Secure Digital High Capacity 的缩写，即高容量 SD 卡。SDHC 型存储卡最大的特点就是高容量（2～32GB）。另外，SDHC 采用的是 FAT32 文件系统，其传输速度分为 Class2（2MB/s）、Class4（4MB/s）、Class6（6MB/s）等级别，高速 SD 卡可以支持高分辨率视频的实时存储。

Q：什么是 SDXC 型存储卡？

A：SDXC 是 SD eXtended Capacity 的缩写，即超大容量 SD 存储卡。其最大容量可达 64GB，理论容量可达 2TB。此外，其数据传输速度也很快，最大理论传输速度能达到 300MB/s。但目前许多数码相机及读卡器并不支持此类型的存储卡，因此在购买前要确定当前所使用的数码相机与读卡器是否支持此类型的存储卡。

Q：存储卡上的 I 与 U 标识是什么意思？

A：存储卡上的 I 标识表示此存储卡支持超高速（Ultra High Speed，UHS）接口，即其带宽可以达到 104MB/s，因此，如果计算机的 USB 接口为 USB 3.0，存储卡中的 1GB 照片只需要几秒就可以全部传输到计算机中。如果存储卡上标识有 U，则说明该存储卡还能够满足实时存储高清视频的 UHS Speed Class 1 标准。

▲ 不同格式的 SDXC 及 SDHC 存储卡

UV 镜：保护镜头的选择之一

UV 镜也叫"紫外线滤镜"，主要是针对胶片相机设计的，用于防止紫外线对曝光的影响，能提高成像质量、增加影像的清晰度。而现在的数码相机已经不存在这个问题了，但由于其价格低廉，便成为摄影师用来保护数码相机镜头的工具。

笔者强烈建议摄影师在购买镜头的同时也购买一款 UV 镜，以更好地保护镜头不受灰尘、手印及油渍的侵扰。除了购买索尼的 UV 镜外，肯高、HOYO、大自然及 B+W 等厂商生产的 UV 镜也不错，性价比很高。口径越大的 UV 镜，价格也越高。

▲ B+W UV 镜

偏振镜：消除或减少物体表面的反光

什么是偏振镜

　　偏振镜也叫偏光镜或 PL 镜，主要用于消除或减少物体表面的反光。在风光摄影中，为了降低反光，获得浓郁的色彩，又或者希望拍摄清澈见底的水面、透过玻璃的物品等情况下，一个好的偏振镜是必不可少的。

　　偏振镜分为线偏振镜和圆偏振镜两种，数码相机应选择有 "C-PL" 标志的圆偏振镜，因为在数码相机上使用线偏振镜容易影响测光和对焦。

　　在使用偏振镜时，可以旋转其调节环以选择不同的强度，在取景窗中可以看到一些色彩上的变化。

　　同时需要注意的是，使用偏振镜后会阻碍光线的进入，相当于减少了两挡光圈的进光量，故在使用偏振镜时，我们需要降低为原来 1/4 的快门速度，这样才能拍出与未使用偏振镜时相同曝光量的照片。

▲ 肯高 67mm C-PL（W）偏振镜

用偏振镜压暗蓝天

　　晴朗天空中的散射光是偏振光，利用偏振镜可以减少偏振光，使蓝天变得更蓝、更暗。加装偏振镜后所拍摄的蓝天，比使用蓝色渐变镜拍摄的蓝天要更加真实，因为使用偏振镜拍摄，既能压暗天空，又不会影响其他景物的色彩还原。

用偏振镜提高景物的色彩饱和度

　　如果拍摄环境的光线比较杂乱，会对景物的色彩还原产生很大的影响，环境光和天空光在物体上形成的反光，会使景物的颜色看起来不鲜艳。使用偏振镜进行拍摄，可以消除杂光中的偏振光，减少杂散光对物体颜色还原的影响，从而提高物体的色彩饱和度，使景物的颜色显得更加鲜艳。

用偏振镜抑制非金属表面的反光

　　使用偏振镜拍摄的另一个好处就是可以抑制被摄对象表面的反光。我们在拍摄水面、玻璃表面时，经常会遇到反光的困扰，使用偏振镜则可以削弱水面、玻璃及其他非金属物体表面的反光。

▲ 使用偏振镜消除水面的反光，从而拍摄到更加清澈的水面。『焦距：20mm；光圈：F10；快门速度：1/160s；感光度：ISO200』

中灰镜：减少镜头的进光量

什么是中灰镜

中灰镜（Neutral Density，ND）是一种不带任何色彩的灰色滤镜，安装在镜头前面，可以减少镜头的进光量，从而降低快门速度。当光线太过充足而导致无法降低快门速度时，可以使用中灰镜。

▲ 肯高 52mm ND4 中灰镜

中灰镜的规格

中灰镜有不同的级数，常见的有 ND2、ND4、ND8 这 3 种，分别代表可以降低 1 挡、2 挡和 3 挡快门速度。例如，在晴朗天气条件下使用 F16 的光圈拍摄瀑布时，得到的快门速度为 1/16s，使用这样的快门速度拍摄无法使水流虚化，此时可以安装 ND4 型号的中灰镜，或安装两块 ND2 型号的中灰镜，使镜头的进光量降低，从而降低快门速度至 1/4s，即可得到预期的效果。

中灰镜各参数对照表				
透光率（p）	密度（D）	阻光倍数（O）	滤镜因数	曝光补偿级数（应开大光圈的级数）
50%	0.3	2	2	1
25%	0.6	4	4	2
12.5%	0.9	8	8	3
6%	1.2	16	16	4

通过使用中灰镜降低快门速度，拍摄到水流呈现丝线状的效果。焦距：35mm；光圈：F10；快门速度：2s；感光度：ISO100

中灰渐变镜：平衡画面曝光

什么是中灰渐变镜

　　渐变镜是一种一半透光、一半阻光的滤镜，分为圆形和方形两种，在色彩上也有很多选择，如蓝色、茶色等。而在所有的渐变镜中，最常用的应该是中灰渐变镜，也就是一种带有中性灰色的渐变镜。

▲ 不同形状的中灰渐变镜

不同形状渐变镜的优缺点

　　中灰渐变镜有圆形与方形两种，圆形渐变镜是直接安装在镜头上的，使用起来比较方便，但由于其渐变效果是不可调节的，因此只能调节天空约占画面 50% 的照片；而使用方形渐变镜时，需要买一个支架装在镜头前面，只有这样才可以把方形滤镜装上，其优点是可以根据构图的需要调整渐变的位置。

阴天使用中灰渐变镜可以改善天空影调

　　中灰渐变镜几乎是在阴天拍摄时唯一能够有效改善天空影调的滤镜。阴天时，虽然乌云密布，显得很有层次，但是实际上天空的亮度仍然远远高于地面，所以如果按正常曝光手法拍摄，得到的画面中的天空会由于过曝而显得没有层次感。此时，如果使用中灰渐变镜，用深色的一端覆盖天空，则可以通过降低镜头的进光量来延长曝光时间，使云的层次得到较好的表现。

使用中灰渐变镜降低明暗反差

　　当拍摄日出、日落等明暗反差较大的场景时，为了使较亮的天空与较暗的地面得到均匀的曝光，可以使用中灰渐变镜。拍摄时用镜片较暗的一端覆盖天空，即可降低此区域的通光量，从而使天空与地面均得到正确曝光。

▲ 借助中灰渐变镜压暗过亮的天空，缩小其与地面的明暗差距，得到了层次细腻且分明的画面效果。『焦距：17mm；光圈：F9；快门速度：1/2s；感光度：ISO100』

遥控器：遥控对焦及拍摄

使用快门遥控器后，摄影师可以远距离对相机进行遥控对焦及拍摄，常用于自拍或拍摄集体照。

使用遥控器拍摄的流程如下：

❶ 将电源开关置于 <ON>。

❷ 半按快门对拍摄对象进行预先对焦。

❸ 建议将对焦模式设置为 MF 手动对焦，以免按下快门时重新进行对焦可能会导致出现对焦不准问题。当然，如果主体非常好辨认，也可以使用 AF 自动对焦模式。

❹ 在"设置菜单 3"中选择"IR 遥控"选项，并将其设置为"开"。

❺ 将遥控器指向相机的遥控感应器并按下 SHUTTER 按钮或者 2SEC（两秒后释放快门）按钮，自拍指示灯将开始闪烁并拍摄照片。

▲ 型号为 RMT-DSLR2 的遥控器。

▲ 接收遥控器信号的遥控传感器位置。

↓ 设定步骤

设置3 ◂ 3/7 ▸
触摸屏/触摸板　　触摸屏+触摸板
触摸板设置
演示模式　　　　　　关
TC/UB设置
IR遥控　　　　　　　关
HDMI设置

❶ 在**设置菜单 3** 中选择 **IR 遥控**选项，然后按控制拨轮上的中央按钮确定。

IR遥控
　• 开
　• 关

❷ 按▲或▼方向键选择**开**或**关**选项。

▲ 将相机放在一个稳定的地方，利用遥控器拍摄小姐妹的合影照片。『焦距：35mm；光圈：F4；快门速度：1/1000s；感光度：ISO200』

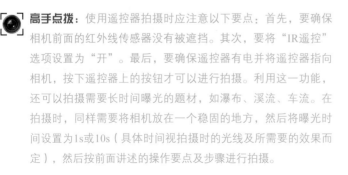

高手点拨：使用遥控器拍摄时应注意以下要点：首先，要确保相机前面的红外线传感器没有被遮挡。其次，要将"IR遥控"选项设置为"开"。最后，要确保遥控器有电并将遥控器指向相机，按下遥控器上的按钮才可以进行拍摄。利用这一功能，还可以拍摄需要长时间曝光的题材，如瀑布、溪流、车流。在拍摄时，同样需要将相机放在一个稳固的地方，然后将曝光时间设置为1s或10s（具体时间视拍摄时的光线及所需要的效果而定），然后按前面讲述的操作要点及步骤进行拍摄。

脚架：保持相机稳定的基本装备

脚架是最常用的摄影配件之一，使用它可以让相机变得更稳定，以保证在长时间曝光的情况下也能够拍摄到清晰的照片。

脚架的分类

市场上的脚架类型非常多，按材质可以分为木质、高强塑料材质、合金材料、钢铁材料、碳素纤维及火山岩等几种，其中以铝合金及碳素纤维材质的脚架最为常见。

铝合金脚架的价格较便宜，但重量较重，不便于携带；碳素纤维脚架的档次要比铝合金脚架高，便携性、抗震性、稳定性都很好，在经济条件允许的情况下，是非常理想的选择。碳素纤维脚架的缺点是价格很贵，往往是相同档次铝合金脚架的好几倍。

▲ 三脚架（左）与独脚架（右）

另外，根据支脚数量可把脚架分为三脚架与独脚架两种。三脚架用于稳定相机，甚至在配合快门线、遥控器的情况下，可实现完全脱机拍摄；而独脚架的稳定性能要弱于三脚架，主要是起支撑的作用，在使用时需要摄影师来控制独脚架的稳定性，由于其体积和重量都只有三脚架的1/3，所以无论是旅行还是日常拍摄携带都十分方便。

云台的分类

云台是连接脚架和相机的配件，用于调节拍摄的角度，包括三维云台和球形云台两类。三维云台的承重能力强、构图十分精准，缺点是占用的空间较大，在携带时稍显不便；球形云台体积较小，只要旋转按钮，就可以让相机迅速转到所需要的角度，操作起来十分方便。

▲ 三维云台（左）与球形云台（右）

Q：在使用三脚架的情况下怎样做到快速对焦？

A：使用三脚架拍摄，通常是确定构图后相机就固定在三脚架上不再调整了，可是在这样的情况下，对焦之后锁定对焦点再微调构图的方式便无法实现了。因此，建议先使用单次自动对焦模式对画面进行对焦，然后再切换成手动对焦模式，只要手动调节对焦点至对焦区域的范围内，就可以实现准确对焦。即使构图做了一些调整，焦点也不会轻易改变。不过需要注意的是，变焦镜头在变焦后会导致焦点的偏移，所以变焦后需要重新对焦。

SONY α6600

闪光灯：对画面补光

摄影师无法控制太阳光、室内灯光、街灯等环境光，因此在这样的光线环境中拍摄时，摄影师只能利用构图手法、曝光补偿技法来改变画面的光影效果，但这种改变的效果是有限的。

虽然，许多摄影师在自然光条件下也能拍摄出具有迷人光影效果的佳片，但很多时候，仍然需要使用闪光灯进行人工补光。

使用闪光灯不仅可以在弱光或逆光条件下将被摄对象照亮，还可以通过改变闪光灯的照射位置及角度来控制光线，以便有创意地在画面中表现出漂亮的光影效果，从而拍摄出只使用环境光无法表现的画面效果。

SONY α6600 微单相机未提供内置闪光灯，对有闪光需求的摄影师而言，需要配备一支或多支外置闪光灯。索尼的外置闪光灯有型号为 HVL-F60M、HVL-F45RM、HVL-F43M 及 HVL-F32M 四款可供选择。

▲ 外置闪光灯

选择合适的闪光模式

SONY α6600 微单相机提供了 （禁止闪光）、（自动闪光）、（强制闪光）、（低速同步闪光）、（后帘同步闪光）等 5 种闪光模式，但在不同的照相模式下，可选用的闪光模式也不尽相同。

禁止闪光模式

当受到环境限制不能使用闪光灯，或不希望使用闪光灯时，可选择关闭闪光模式。例如，在拍摄野生动物时，为了避免野生动物受到惊吓，应选择关闭闪光模式；又如，在拍摄 1 岁以下的婴儿时，为了避免伤害到婴儿的眼睛，也应禁止使用闪光灯。

此外，在拍摄舞台剧、会议、体育赛事、宗教场所、博物馆等题材时，也应该关闭闪光灯。

自动闪光模式

自动闪光模式可以在智能自动模式下选择使用内置闪光灯。在拍摄时，如果拍摄现场的光线较暗，相机内定的光圈与快门速度组合不能满足现场光的拍摄要求时，内置闪光灯便会自动闪光。

这种闪光模式在大多数情况下都是适用的，但当背景很亮而人物主体较暗的时候，相机不会自动开启闪光模式，从而会导致主体人物曝光不足。

▲ 操作方法
按 Fn 按钮后显示快速导航画面，按 ▲、▼、◀、▶ 方向键选择闪光模式选项，转动控制拨轮选择所需的闪光模式。

强制闪光模式 ⚡

在使用SONY α6600微单相机拍摄时，如果拍摄现场的光线较暗，可以选择此模式来提供闪光拍摄。在此模式下，每次按下快门按钮闪光灯都将进行闪光。

低速同步闪光模式 ⚡SLOW

在夜间拍摄人像时，使用自动闪光模式或强制闪光模式都会出现主体人物曝光准确，背景却是一片漆黑的现象。而使用低速闪光模式时，相机在闪光的同时会设定较慢的快门速度，使主体人物身后的背景也能够获得充分曝光。

▲ 使用低速同步闪光模式拍摄时，不仅可以使前景中的模特有很好的表现，就连背景中的灯光也可以被表现得很好，从而使拍摄出来的照片更自然、真实。『焦距：85mm；光圈：F2；快门速度：1/25s；感光度：ISO125』

后帘同步闪光模式 ⚡REAR

使用此闪光模式时，闪光灯将在快门关闭之前进行闪光，因此，当进行长时间曝光形成光线拖尾时，此模式可以让拍摄对象出现在光线的上方；而在其他模式下，闪光灯将在快门按下时闪光，即为前帘同步闪光模式，此时拍摄对象将出现在光线的下方。

▲ 在后帘同步闪光模式下，使用较慢的快门速度拍摄，模特出现在光线的上方。『焦距：50mm；光圈：F5；快门速度：1/10s；感光度：ISO125』

利用离机闪光灵活控制光位

当闪光灯在相机的热靴上无法自由移动的时候，摄影师就只有顺光一种光位可以选择，为了追求更多的光位效果，需要把闪光灯从相机上取下来，即进行离机闪光。闪光灯离机闪光通常有两种方式——有线离机闪光和无线离机闪光。

这里主要讲 SONY α6600 微单相机的无线离机闪光，无线离机闪光是拍摄人像、静物等题材时常用的一种闪光方式，也就是根据需要将一个或多个闪光灯摆放在合适的位置，然后控制闪光灯的闪光时机。

SONY α6600 微单相机有两种无线闪光拍摄的方法：一种是将安装在相机上的闪光灯作为控制器，遥控离机闪光灯进行无线闪光拍摄，另一种是在相机的热靴上安装无线引闪控制器，然后在离机闪光灯上安装无线引闪接收器，从而控制离机闪光灯进行无线闪光。

▲ FA-WRC1M 无线引闪控制器

▲ FA-WRR1 无线引闪接收器

↓ 设定步骤

❶ 在**拍摄设置1菜单**的第10页中，选择**无线闪光灯**选项。

❷ 按▲或▼方向键选择**开**或**关**选项，然后按控制拨轮中央按钮确定。

▲ 无线引闪控制器与无线引闪接收器安装示例

▲ 使用无线闪光拍摄，可以获得更为个性化的光线效果。『焦距：37mm；光圈：F4；快门速度：1/100s；感光度：ISO640』

用跳闪方式进行补光拍摄

所谓跳闪通常是指使用外置闪光灯，通过反射的方式将光线射到被摄对象上，常用于室内或有一定遮挡的人像摄影中，这样可以避免直接对被摄对象进行闪光，造成光线太过生硬，形成没有立体感的平光效果。

在室内拍摄人像时，经常会调整闪光灯的照射角度，让其向着房间的顶棚进行闪光，然后将光线反射到被摄对象身上，这在人像、现场摄影中是非常常见的一种补光形式。

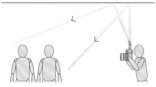

▲ 跳闪补光示意图

▶ 使用闪光灯向屋顶照射光线，使之反射到人物身上进行补光，使人物的皮肤显得更加细腻，画面整体感觉也更为柔和。『焦距：35mm；光圈：F11；快门速度：1/125s；感光度：ISO100』

为人物补充眼神光

眼神光板是中高端闪光灯才拥有的组件，在索尼 HVL-F60RM、HVL-F43M 上就有此组件，平时可收纳在闪光灯的上方，在使用时将其抽出即可。

其最大的作用就是利用闪光灯在垂直方向可旋转一定角度的特点，将闪光灯射出的少量光线反射至人眼中，从而形成漂亮的眼神光。虽然其效果并非最佳（最佳的方法是使用反光板补充眼神光），但至少可以产生一定的效果，让眼睛更有神。

▲ 这幅照片是使用反光板为人物补光拍摄的，拍摄时将闪光灯旋转至与垂直方向成 60° 角的位置上，并拉出眼神光板，从而为人物眼睛补充了一定的眼神光，使之看起来更有神。『焦距：35mm；光圈：F2.8；快门速度：1/100s；感光度：ISO200』

▶ 拉出眼神光板后的闪光灯

消除广角拍摄时产生的阴影

当使用闪光灯以广角焦距闪光并拍摄时，画面很可能会超出闪光灯的补光范围，因此就会产生一定的阴影或暗角效果。

此时，可以将闪光灯上面的内置广角散光板拉下来，最大限度地避免阴影或暗角的形成。

▲ 此照片是收回内置广角散光板后拍摄的效果，由于画面已经超出闪光灯的广角照射范围，因此形成了较重的阴影及暗角，非常影响画面的表现效果。『焦距：17mm；光圈：F5.6；快门速度：1/200s；感光度：ISO100 』

▲ 这幅照片是拉下内置广角散光板后使用17mm焦距拍摄的结果，可以看出四角的阴影及暗角并不明显。『焦距：17mm；光圈：F5.6；快门速度：1/200s；感光度：ISO100 』

柔光罩：让光线变得柔和

柔光罩是专用于闪光灯的一种硬件设备，直接使用闪光灯拍摄时会产生比较生硬的光照，而使用柔光罩后，可以让光线变得柔和——当然，光照的强度也会随之变弱，可以使用这种方法为拍摄对象补充自然、柔和的光线。

外置闪光灯的柔光罩类型比较多，其中比较常见的有肥皂盒形柔光罩、碗形柔光罩等。柔光罩配合外置闪光灯强大的功能，可以更好地进行照亮或补光处理。

▲ 外置闪光灯的柔光罩

▶ 右图是将闪光灯及柔光罩搭配使用为人物补光后拍摄的效果，可以看出，画面呈现出了非常柔和、自然的光照效果。『焦距：50mm；光圈：F2.8；快门速度：1/320s；感光度：ISO200 』

第 8 章
人像摄影技巧

正确测光使人物皮肤更细腻

对于拍摄人像而言，皮肤是非常重要的表现对象之一，而要表现细腻、光滑的皮肤，测光是非常重要的一步工作。具体地说，拍摄人像时应采用中央重点测光或点测光模式，对人物的皮肤进行测光。

如果是在午后的强光环境下拍摄，建议找有阴影的地方，如果环境条件不允许，那么可以对皮肤的高光区域进行测光，并对阴影区域进行补光。

在室外拍摄时，如果光线比较强烈，在拍摄时可以人物脸部作为曝光的依据，适当增加半挡或2/3挡的曝光补偿，让皮肤获得足够的光线而显得光滑、细腻。其他区域的曝光可以不必太过关注，因为相对其他部位来说，女孩子更在意自己脸部的呈现状态。

▶ 对准模特脸部进行测光

▲ 使用点测光对人物脸部进行测光，可使模特的肤色显得更加白皙、细腻。『焦距：50mm；光圈：F2.8；快门速度：1/320s；感光度：ISO100』

用大光圈拍出虚化背景的人像

大光圈在人像摄影中起到非常重要的作用，可得到浅景深的漂亮的虚化效果，同时，它还可以帮助我们在环境光线较差的情况下使用更高的快门速度进行拍摄。

▶ 使用大光圈拍摄的画面，稍微曝光过度的背景使画面整体更加明亮，也简化了不必要的细节，使人物在画面中显得更加突出。『焦距：50mm；光圈：F2.8；快门速度：1/640s；感光度：ISO100』

拍摄视觉效果强烈的人像

　　使用镜头的广角端拍摄的照片都会有不同程度的变形，广角较适用于人物摄影，以交代拍摄的时间、环境等要素。

　　从另一个角度来看，如果将这样的变形应用于人像拍摄，又可以形成非常突出的视觉效果。因此，近年来，我们可以在婚纱写真、美女糖水片等类型的摄影中见到这种风格的作品。

　　Q：在树荫下拍摄人像时怎样还原出正常的肤色？

　　A：在树荫下拍摄人像时，树叶所形成的反射光可能会在人脸上形成偏绿、偏黄的颜色，影响画面效果。

　　那么如何还原出正常的肤色呢？其实只需一个反光板即可。在拍摄时，选择一个大尺寸的白色反光板，并尽量靠近被摄人像对其进行补光，使反光效果更明显的同时，能够有效地屏蔽掉其他反射光，避免多重颜色覆盖的现象，以还原出人物柔和、白皙的肤色。

SONY α6600

▲ 使用镜头的广角端在一个较低的位置以仰视的角度拍摄人像，夸张的透视效果将女孩的身材表现得很修长。『焦距：18mm；光圈：F11；快门速度：1/1600s；感光度：ISO100』

"S"形构图表现女性柔美的身体曲线

　　在现代人像拍摄中，"S"形构图越来越多地用来表现人物身体的线条感。"S"形构图中弯曲的线条朝哪一个方向及弯曲的力度大小都是有讲究的，弯曲的力度越大，表现出来的力量也就越大。

　　所以，在人像摄影中，用来表现身体曲线的"S"形线条的弯曲程度都不会太大，否则被摄对象要很用力地凹一个部位的造型，从而影响到其他部位的表现。

▶ 摄影师使用"S"形构图把模特拍得恬静优美，将女性优美的气质很好地表现出来了。『焦距：35mm；光圈：F5.6；快门速度：1/200s；感光度：ISO100』

三分法构图拍摄完美人像

简单来说，三分法构图就是黄金分割法的简化版，是人像摄影中最为常用的一种构图方法，其优点是能够在视觉上给人以愉悦和生动的感受，避免人物居中给人以呆板的感觉。

SONY α6600 微单相机可以在 LCD 显示屏中显示网格线，我们可以将它与黄金分割曲线完美地结合在一起使用。

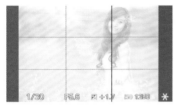

▲ SONY α6600 微单相机的三分线网格可以辅助我们轻松地进行三分法构图。

对于纵向构图的人像照片而言，通常以眼睛作为三分法构图的参考依据。当然随着拍摄面部特写到全身像的范围变化，构图的标准也略有不同。

▶ 在对人物头部进行特写拍摄时，通常会将人物眼睛置于画面的三分线处。『焦距：50mm；光圈：F2.8；快门速度：1/400s；感光度：ISO320』

▲ 将人物放在靠右三分线处，使画面显得简洁又不失平衡，给人一种耐看的感觉。『焦距：50mm；光圈：F2；快门速度：1/125s；感光度：ISO100』

用侧逆光拍出唯美人像

在拍摄女性人像时，为了将她们漂亮的头发从繁纷复杂的场景中分离出来，常常需要借助低角度的侧逆光来制造漂亮的头发光，从而增加其妩媚动人感。

如果使用自然光，拍摄的时间应该选择在下午5点左右，这时太阳西沉，距离地平线相对较近，因此阳光照射角度较小。拍摄时，让模特背侧向太阳，使阳光以斜向45°的方向照向模特，即可形成漂亮的头发光。漂亮的发丝会在光线的照耀下散发出金色的光芒，其质感、发型样式都得到完美表现，使模特看起来更漂亮。

由于背侧向光线，因此需要借助反光板或闪光灯为人物正面进行补光，以表现其光滑细嫩的皮肤。

▲ 侧逆光打亮了人物头发轮廓，形成了黄色发光，将女孩柔美的气质很好地凸显出来了。『焦距：105mm；光圈：F4；快门速度：1/400s；感光度：ISO100』

逆光塑造剪影效果

在运用逆光拍摄人像时，由于在逆光的作用下，画面会呈现出黑色的剪影，因此逆光常常作为塑造剪影效果的一种表现手法。而在配合其他光线使用时，被摄对象背后的光线和其他光线会产生强烈的明暗对比，从而勾勒出人物美妙的线条。也正是因为逆光具有这种艺术效果，因此逆光也被称为"轮廓光"。

通常采用这种手法拍摄户外人像，测光时应该使用点测光的方式，对准天空较亮的云彩进行测光，以确保天空中云彩有细腻、丰富的细节，而主体人像则呈现为轮廓线条清晰、优美的效果。

▲ 对天空较亮的区域进行测光，锁定曝光后再对剪影处的人像进行对焦，使人像由于曝光不足而成为轮廓清晰、优美的剪影效果。『焦距：100mm；光圈：F4.5；快门速度：1/400s；感光度：ISO100』

使用道具营造人像照片的氛围

　　为了使画面更具有某种气氛，一些辅助性的道具是必不可少的，例如婚纱、女性写真人像摄影中常用的鲜花，以及阴天拍摄时用的雨伞。这些道具不仅能够为画面增添气氛，还可以使人像摄影中较难摆放的双手呈现较好的姿势。

　　道具的使用不但可以增加画面的内容，还可以营造出一种更加生动、活泼的气息。

▶ 在树林中拍摄情侣照时，女士提着果篮，而男士弯腰去拿果子的动作，让画面有了故事感。『焦距：50mm；光圈：F4.5；快门速度：1/160s；感光度：ISO200』

中间调记录真实自然的人像

　　中间调的明暗分布没有明显的偏向，画面整体趋于一个比较平衡的状态，在视觉感受上也没有过于轻快或凝重的感觉。

　　中间调是最常见也是应用最广泛的一种影调形式，其拍摄方法也是最简单的，拍摄时只要保证环境光线比较正常，并设置好合适的曝光参数即可。

▶ 无论是艺术写真还是日常记录，中间调都是摄影师最常用的影调。『焦距：85mm；光圈：F2；快门速度：1/400s；感光度：ISO320』

高调风格适合表现艺术化人像

高调人像的画面影调以亮调为主，暗调部分所占比例非常小，较常用于女性或儿童人像照片，且多偏向艺术化的视觉表现。

在拍摄高调人像时，模特应该穿白色或其他浅色的服装，背景也应该选择相匹配的浅色，并采用顺光照射，以利于画面的表现。在阴天时，光线以散射光为主，此时先使用光圈优先照相模式（A 挡）对模特进行测光，然后再切换至手动照相模式（M 挡）降低快门速度以提高画面的曝光量。当然，也可以根据实际情况，在光圈优先模式（A 挡）下适当增加曝光补偿的数值，以提亮整个画面。

▶ 高调照片能给人轻盈、优美、淡雅的感觉。『焦距：35mm；光圈：F2.8；快门速度：1/30s；感光度：ISO500』

低调风格适合表现个性化人像

与高调人像相反，低调人像的影调构成以较暗的颜色为主，基本由黑色及部分中间调颜色组成，亮调所占的比例较小。

在拍摄低调人像时，如果采用逆光拍摄，应该对背景的高光位置进行测光；如果采用侧光或侧逆光拍摄，通常以黑色或深色作为背景，然后对模特身体上的高光区域进行测光，这样该区域就能以中等亮度或者更暗的影调表现出来，而原来的中间调或阴影部分则呈现为暗调。

在室内或影棚中拍摄低调人像时，根据要表现的主题布置 1～2 盏灯光，比如正面光通常用于表现深沉、稳重，侧光常用于突出人物的线条，而逆光则常用于表现人物的形体造型或头发（即发丝光），此时模特宜穿着深色的服装，以与整体的影调相协调。

▶ 大面积的暗色使画面展现出低调风格，再搭配模特冷酷的表情、浓郁的妆容，展现出了一种冷艳的氛围。『焦距：28mm；光圈：F4；快门速度：1/160s；感光度：ISO200』

为人物补充眼神光

眼神光是指通过光照，人物眼球上形成的微小光斑，从而使人物的眼神更加传神生动。眼神光在刻画人物的神态时有不可替代的作用，其往往也是人像摄影的点睛之笔。

无论是什么样的光源，只要位于人物面前且有足够的亮度，通常都可以形成眼神光。下面介绍几种制造眼神光的方法。

利用反光板制造眼神光

户外摄影通常以太阳光为主光，在晴朗的天气拍摄时，除了顺光，在其他类型的光线下拍摄的人像明暗反差基本都比较明显，因此要使用反光板对阴暗面进行补光（即起辅光的作用），以有效地减小反差。

当然，反光板的作用不仅仅局限在户外摄影，在室内拍摄人像时，也可以利用反光板来反射窗外的自然光。在专业的人像影楼里，通常也会使用数只反光板来起辅助照明的作用。

利用窗户光制造眼神光

在拍摄人像时，最好使用超过肩膀高度的窗户照进来的光线制造眼神光，根据窗户的形态及大小的不同，可形成不同效果的眼神光。

利用闪光灯制造眼神光

利用闪光灯也可以制造眼神光效果，但光点较小。多灯会形成多个眼神光，而单灯会形成一个眼神光，所以在人物摄影中，通过布光的方法制造眼神光时，所使用的闪光灯越少越好。一旦形成大面积的眼神光，反而会使人物显得呆板，不利于人物神态的表现，更起不到画龙点睛的作用。

▲ 通过在模特前面安放反光板的方法，使模特的眼睛中呈现出明亮的眼神光，人物看起来更加有神。『焦距：35mm；光圈：F2.8；快门速度：1/125s；感光度：ISO100』

▲ 使用闪光灯为人物补充眼神光，明亮的眼神光使人物变得很有精神，模特明亮的眼睛成了画面的焦点。『焦距：40mm；光圈：F10；快门速度：1/125s；感光度：ISO100』

用合适的对焦模式确保画面的清晰度

在拍摄儿童时，由于其大多数活泼好动处于玩耍的状态中，行动变化难测时，要清晰地进行对焦，更是一件比较困难的事。

此时可以将相机设置为 AF-C 连续自动对焦模式。这种对焦模式的优点是，当拍摄对象的位置发生变化时，相机能够自动调整焦点，始终保持对焦在拍摄对象上，从而得到清晰的照片。

因此，在实际拍摄时，通过半按快门进行对焦操作后，即使孩子突然移动，相机也可以自动进行跟踪对焦，从而可以抓拍到动来动去的孩子。

焦距：35mm；光圈：F5.6；快门速度：1/400s；感光度：ISO200

▲ 拍摄玩耍中的孩子时，连续自动对焦模式可随着动来动去的孩子进行对焦，随时得到清晰的画面。

禁用闪光灯以保护儿童的眼睛

闪光灯的瞬间强光对儿童尚未发育成熟的眼睛有害，因此，为了他们的健康着想，拍摄时一定不要使用闪光灯。

在室外拍摄时通常比较容易获得充足的光线，而在室内拍摄时，应尽可能打开更多的灯或选择在窗户附近光线较好的地方，来提高光照强度，然后配合高感光度、镜头的防抖功能及倚靠物体等方法，保持相机的稳定。

▲ 儿童面部占据画面的较大面积，黑亮的眼睛非常吸引人。在拍摄时要注意保护孩子娇弱的眼睛，禁用闪光灯。『焦距：50mm；光圈：F4；快门速度：1/500s；感光度：ISO320』

利用特写记录儿童丰富的面部表情

儿童的表情总是非常自然、丰富，也正因为如此，儿童面部才成为很多摄影师喜欢拍摄的题材。在拍摄时，儿童明亮、清澈的眼睛是摄影师需要重点表现的部位。

▶ 以特写方式表现小孩可爱的表情，画面显得非常有趣。『焦距：70mm；光圈：F4；快门速度：1/125s；感光度：ISO125』

增加曝光补偿表现娇嫩的肌肤

绝大多数儿童的皮肤都可以用"剥了壳的鸡蛋"来形容，在实际拍摄时，儿童的肌肤也是需要重点表现的部位，因此，如何表现儿童娇嫩的肌肤，就是每一个专业儿童摄影师甚至家长应该掌握的技巧。首先，给儿童拍摄时应尽量使用散射光，这样不会出现光比较大的情况，也不会出现浓重的阴影，画面整体影调柔和、细腻，儿童的皮肤看起来也更加柔和、细腻。其次，可以在拍摄时增加曝光补偿，即在正常的测光数值的基础上，适当地增加0.3 ~ 1挡的曝光补偿，这样拍摄出的照片更亮、更通透，儿童的皮肤也会更加粉嫩、白皙。

▲ 利用柔和的散射光拍摄的儿童照片，儿童的皮肤显得更加柔滑、娇嫩。『焦距：35mm；光圈：F5.6；快门速度：1/100s；感光度：ISO100』

第9章
风光摄影技巧

拍摄山峦的技巧

连绵起伏的山峦是众多风光题材中最具视觉震撼力的一种。虽然拍摄出成功的山峦作品，背后要付出许多的辛劳和汗水，但还是有非常多的摄影师乐此不疲。

不同角度表现山峦的壮阔

拍摄山峦最重要的是要把雄伟壮阔的整体气势表现出来。"远取其势，近取其貌"的说法非常适合拍摄山峦。要突出山峦的气势，就要尝试从不同的角度去拍摄，如诗中所说的"横看成岭侧成峰，远近高低各不同"，所以必须寻找一个最佳的拍摄角度。

采用最多的角度无疑还是仰视，以表现山峦的高大、耸立。当然，如果身处山峦之巅或较高的位置，则可以采取俯视的角度表现"一览众山小"之势。

另外，平视也是采用较多的拍摄角度，这种视角下拍摄的山峦比较容易形成三角形构图，从而表现其连绵壮阔与耸立的气势。

用云雾表现山的灵秀飘逸

高山与云雾总是相伴相生，各大名山的著名景观中多有"云海"，例如在黄山、泰山、庐山都能够拍摄到很漂亮的云海照片。当云雾笼罩山体时，山的形体就会变得模糊不清，部分细节被遮挡住，于是朦胧之中产生了一种不确定感。拍摄这样的山脉，会使画面产生一种神秘、缥缈的意境，山脉也因此变得更加灵秀飘逸。

如果只是拍摄飘过山顶或半山的云彩，选择合适的天气即可，高空的流云在风的作用下，会在山间产生时聚时散的效果，拍摄时多采用仰视的角度。

如果拍摄的是山间云海的效果，应该注意选择较高的拍摄位置，以至少平视的角度进行拍摄，在选择光线时应该采用逆光或侧逆光，同时注意对画面做正向曝光补偿。

▲ 摄影师位于较低位置仰视拍摄大山，山体自身的纹理很好地突出了其高耸的气势。『焦距：70mm；光圈：F10；快门速度：1/250s；感光度：ISO400』

▲ 山间飘浮的云雾使原来单调的山体变得秀气，画面有一种神秘、缥缈的意境。『焦距：18mm；光圈：F14；快门速度：1/250s；感光度：ISO200』

用前景衬托山峦表现季节之美

在不同的季节里，山峦会呈现出不一样的景色。

春天的山峦在鲜花的簇拥之下，显得美丽多姿；夏天的山峦被层层树木和小花覆盖，显示出大自然强大的生命力；秋天的红叶使山峦显得浪漫、奔放；冬天山上大片的积雪又让人感到寒冷和宁静。可以说四季之中，山峦各有美感，只要寻找合适的拍摄角度即可。

在拍摄不同时节的山峦时，要注意通过构图方式、景别选择、前景或背景衬托等手段表现出山峦的特点。

▲ 前景中黄色的草地与树林说明了现在正值深秋，画面给人以秋色浓郁的感觉。『焦距：100mm；光圈：F10；快门速度：1/320s；感光度：ISO200』

用光线塑造山峦的雄奇伟峻

在有直射阳光的时候，用侧光拍摄有利于表现山峦的层次感和立体感，明暗层次使画面更加富有活力。如果能够遇到日照金山的光线，更是不可多得的拍摄良机。

采用侧逆光并对亮处进行测光，拍摄山体的剪影照片，也是一种不错的表现山峦的方法。在侧逆光的照射下，山体往往有一部分处于阴影之中，还有一部分处于光照之中，因此不仅能够表现出山体明显的轮廓线条和少部分细节，还能够在画面中形成漂亮的明暗对比，比逆光更容易出效果。

▲ 夕阳时分，采用侧逆光拍摄嶙峋的群山，山体呈现出层层叠叠的剪影效果，增强了画面的层次感。『焦距：50mm；光圈：F8；快门速度：1/40s；感光度：ISO200』

SONY α 6600

Q：如何拍出色彩鲜艳的图像？

A：可以在"创意风格"菜单中选择色彩表现较为鲜艳的"风景"风格选项。

如果想要使色彩看起来更为艳丽，可以提高"饱和度"选项的数值；另外，提高"对比度"选项的数值也会使照片的色彩更为鲜艳。不过需要注意的是，在调节数值时不能改变过大，否则会出现色彩失真的现象，导致画面细节损失。

拍摄树木的技巧

以逆光表现枝干的线条

在拍摄树木时，可将树干作为画面突出呈现的重点，采用较低机位的仰视视角进行拍摄，以简练的天空作为画面背景，在其衬托之下重点表现枝干的线条造型。这样的照片往往有较大的光比，因此多采用逆光进行拍摄。

▶ 摄影师采用剪影的形式对树木独具特色的外形特征进行了重点表现，给人留下了十分深刻的印象。『焦距：28mm；光圈：F5.6；快门速度：1/400s；感光度：ISO100』

仰视拍摄表现树木的挺拔与树叶的通透美感

采用仰视的角度拍摄树木，有以下两个优点：

1. 如果拍摄时使用的是广角端镜头，可以在画面中获得树木向中间汇聚的奇特视觉效果，大大增强了画面的新奇感，即使未使用广角端镜头，也能够拍摄出树梢直插蓝天或树冠遮天蔽日的效果。

2. 可以借助蓝天背景与逆光照射，拍摄出背景色彩纯粹、质感通透的树叶，在拍摄时应该对树叶中比较明亮的区域测光，从而使这部分区域得到正确的曝光，而树干则会在画面中以阴影线条的形式出现。拍摄时还可以尝试做正向曝光补偿，以增强树叶的通透质感。

▲ 采用仰视角度拍摄树木，强化了树木形体的高大和向上的纵深感，将树木高耸入云的形态表现得很突出。『焦距：24mm；光圈：F8；快门速度：1/250s；感光度：ISO500』

拍摄树叶展现季节之美

　　树叶也是无数摄影师喜爱的拍摄题材之一，无论是金黄色的还是火红色的树叶，总能够在恰当的对比下展现出异乎寻常的美丽。如果希望表现漫山红遍、层林尽染的整体气氛，应该用广角端镜头；而长焦端镜头则适用于对树叶进行局部特写表现。由于拍摄树叶的重点是表现其颜色，因此拍摄时应该将重点放在画面的背景色选择方面，要以最恰当的背景色来对比或衬托树叶。

　　想要拍出漂亮的树叶，最好的季节是夏天或秋天。夏季的树叶茂盛而翠绿，拍摄出的照片充满生机与活力；如果在秋天拍摄，由于树叶呈现灿烂的金黄色，能够给人一种强烈的丰收喜悦感。

▶ 金黄的树叶有种秋意浓浓的感觉，可以通过适当减少曝光补偿来增加色彩饱和度，从而突出其强烈的季节感。『焦距：28mm；光圈：F9；快门速度：1/100s；感光度：ISO200』

捕捉林间光线使画面更具神圣感

　　当阳光穿透树林时，由于被树叶及树枝遮挡，因此会形成一束束透射林间的光线，这种光线被摄友称为"耶稣圣光"，能够为画面增加神圣感。

　　要拍摄这样的题材，最好选择早晨及近黄昏时分，此时太阳光线斜射进树林中，能够获得最好的画面效果。在实际拍摄时，可以迎着光线，以逆光形式进行拍摄；也可与光线平行，以侧光形式进行拍摄。在曝光方面，可以以林间光线的亮度为准拍摄出暗调照片，以衬托林间的光线；也可以在此基础上，增加1~2挡曝光补偿，使画面多一些细节。

▶ 穿透林木的光线呈发散状，增添了神圣感，也使画面呈现出强烈的形式美感。『焦距：35mm；光圈：F10；快门速度：1/15s；感光度：ISO100』

拍摄花卉的技巧

用水滴衬托花朵的娇艳

早晨，在花园、森林中都能够发现无数出现在花瓣、叶面、枝条上的露珠，在阳光下显得晶莹闪烁、玲珑可爱。拍摄带有露珠的花朵，能够表现出花朵的娇艳与清新的自然感。

要拍摄带有露珠的花朵时，若使用微距镜头以特写的景别表现，就可以使分布在叶面、叶尖、花瓣上的露珠给人一种滋润的感觉，还能够在画面中形成奇妙的光影效果。景深范围内的露珠清晰明亮、晶莹剔透；而景深外的露珠却形成一些圆形或六角形的光斑，装饰、美化背景，给画面平添几分情趣。

如果没有拍摄露珠的条件，也可以用喷壶对着花朵喷几下，从而使花朵上沾满水珠。

▲ 雨过天晴之后的花朵上落满了水珠，清新动人，大小不一、晶莹剔透的水珠将花朵点缀得倍显娇艳，使画面看起来更富有生机。『焦距：70mm；光圈：F4；快门速度：1/100s；感光度：ISO125』

拍出富有意境和神韵的花卉

意境是中国古典美学中一个特有的范畴，反映在花卉摄影中，指拍摄者的花卉作品的思想情感与客观景象交融而产生的一种境界。意境的形成与拍摄者的主观意识、文化修养及情感境遇密切相关，花卉的外形、质感乃至影调、色彩等视觉因素都可能触发拍摄者的联想，因而意境的流露常常伴随着拍摄者丰富的情感，在表达上多采用移情于物或借物抒情的手法。我国古典诗词中有很多脍炙人口的咏花诗句，例如"墙角数枝梅，凌寒独自开""短短桃花临水岸，轻轻柳絮点人衣""冲天香阵透长安，满城尽带黄金甲"，将类似的诗句熟记于心，以便在看到相应的场景时就能引发联想，以物抒情，使作品具有诗境。

▲ 以独具新意的角度拍摄水中荷花的倒影，让人觉得好像在画里看花，整个画面给人一种婉约的古典美感。『焦距：70mm；光圈：F5；快门速度：1/200s；感光度：ISO100』

选择最能够衬托花卉的背景颜色

在花卉摄影中，背景色作为画面的重要组成部分，起到烘托主体、丰富作品内涵的积极作用。不同的颜色给人不一样的感觉，对比强烈的色彩会使主体与背景间的对比关系更加突出，而和谐的色彩搭配则让人有惬意、祥和之感。

通常可以采取深色、浅色、蓝天3种背景拍摄花卉。使用深色或浅色背景拍摄花卉的视觉效果极佳，画面中蕴涵着一种特殊的氛围。其中，又以最深的黑色与最浅的白色背景最为常见，黑色背景使花卉显得神秘，主体非常突出；白色背景的画面显得简洁，给人一种很纯洁的视觉感受。

拍摄背景全黑的花卉照片的方法有两种：一是给花朵设置一张黑色的背景布；二是如果被摄花朵正好处于受光较好的位置，而背景的光线不充足，此时使用点测光对花朵亮部进行测光，这样也能拍摄到背景几乎全黑的照片。

如果所拍摄花卉的背景过于杂乱，或者要拍摄的花卉面积较大，无法通过放置深色或浅色布或板子的方法进行拍摄，则可以考虑采用仰视角度，以蓝天为背景进行拍摄，以使画面中的花卉在蓝天的映衬下显得干净、清晰。

逆光拍出具透明感的花瓣

逆光拍摄花卉时，可以清晰地勾勒出花朵的轮廓。如果所拍摄的花瓣较薄，则光线能够透过花瓣，使其呈现出透明或半透明效果，从而更细腻地表现出花的质感、层次和纹理。拍摄时，要用闪光灯、反光板进行适当的补光处理，并对透明的花瓣以点测光模式测光，以花瓣的亮度为基准进行曝光。

▲ 浅色的背景衬托着粉色的花卉，拍摄时为了使画面显得清新、淡雅，增加了1挡曝光补偿。『焦距：90mm；光圈：F4；快门速度：1/40s；感光度：ISO200』

▲ 以纯净的蓝天为画面的背景，更突出了黄色的向日葵，给人阳光、自然的感觉。『焦距：18mm；光圈：F8；快门速度：1/350s；感光度：ISO200』

▲ 采用逆光拍摄的角度，花瓣在暗色的衬托下呈现出好看的半透明效果。『焦距：85mm；光圈：F5.6；快门速度：1/1000s；感光度：ISO250』

拍摄溪流与瀑布的技巧

用不同快门速度表现不同感觉的溪流与瀑布

拍摄溪流与瀑布时应使用较慢的快门速度。为了防止曝光过度，应使用较小的光圈来拍摄，并安装中灰滤镜，这样拍摄出来的瀑布是流畅的，就像丝绸一般。

由于使用的快门速度很慢，所以拍摄时要使用三脚架。除了采用慢速快门拍出如丝绸般的质感外，还可以使用高速快门凝固瀑布或水流跌落的美景，虽然谈不上有大珠小珠落玉盘之感，却也能很好地表现出瀑布的势差与水流的奔腾之势。

▲ 采用高速快门拍摄的瀑布，水花都定格在画面中，给人以气势磅礴的感觉。『焦距：24mm；光圈：F7.1；快门速度：1/640s；感光度：ISO200』

通过对比突出瀑布的气势

在没有对比的情况下，很难通过画面直观地判断一个事物的体量，因此，如果在拍摄瀑布时，就应该在画面中加入容易判断大小体量的画面元素，从而通过大小对比来凸显瀑布宏大的气势，最常见、常用的元素就是瀑布周边的游客或小船。

▲ 通过与前景的对比，观者感受到了瀑布宏大的气势。『焦距：24mm；光圈：F6.3；快门速度：1/800s；感光度：ISO100』

拍摄湖泊的技巧

拍摄倒影使湖泊更显静逸

　　蓝天、白云、山峦、树林等都会在湖面上形成美丽的倒影，在拍摄湖泊时可以采取对称构图的方法，将水平面放在画面中的中间位置，画面的上半部分为天空，下半部分为倒影，从而使画面显得更加具有对称美。也可以按三分法构图原则，将水平面放在画面的上三分之一或下三分之一位置，使画面更富有变化。

　　要在画面中展现美妙的倒影，在拍摄时要注意以下几点：

　　1. 波动的水面不会展现完美倒影，因此应选择在风很小的时候进行拍摄，以保持湖面的平静。

　　2. 在画面中能够表现多少水面的倒影，与拍摄角度有关，角度越低，映入镜头的倒影就越多。

　　3. 逆光与侧逆光是表现倒影的首选光线，应尽量避免使用顺光或顶光拍摄。

　　4. 在倒影存在的情况下，应该适当增加曝光补偿，以使画面的曝光更准确。

▲ 使用对称式构图拍摄湖面，树木、山峰与水中的倒影形成虚实对比，使湖面显得更加宁静、和谐。『焦距：18mm；光圈：F11；快门速度：1/400s；感光度：ISO100』

选择合适的陪体使湖泊更有活力

　　在拍摄湖泊时，应适当选取岸边的景物作为衬托，如湖边的树木、花卉、岩石、山峰等，如果能够以飞鸟、游人、小船等运动的对象作为陪体，能够使平静的湖面充满生机，也更具活力。

▲ 旁边的树木、草丛及倒影使湖泊显得更加静逸，湖面上游弋的天鹅为湖泊增添了活力与生机。『焦距：135mm；光圈：F13；快门速度：1/400s；感光度：ISO100』

拍摄雾霭景象的技巧

雾气不仅增强了画面的透视感，还赋予了照片朦胧的气氛，使照片具有别样的诗情画意。一般来说，由于浓雾天气的能见度较差，透视性不好，因此通常应选择薄雾天气拍摄雾景。薄雾的湿度较低，能见度和光线的透视性都比浓雾好很多，在薄雾环境中，近景可以较清晰地呈现在画面中，而中景和远景要么被雾气所完全掩盖，要么就在雾气中若隐若现，有利于营造神秘的氛围。

调整曝光补偿使雾气更洁净

在顺光或顶光照射下，雾会产生强烈的反射光，容易使整个画面显得苍白，色泽较差且没有质感。而采用逆光、侧逆光或前侧光拍摄，更有利于表现画面的透视感和层次感，通过画面中的光与影营造出一种更飘逸的意境。因此，雾景适宜用逆光或侧逆光来表现，逆光或侧逆光还可以使画面远处的景物呈现为剪影效果，从而使画面更有空间感。

在选择了正确的光线后，还需要适当调整曝光补偿，因为雾是由许多细小的水珠构成的，可以反射大量的光线，所以雾景的亮度较高，因此根据白加黑减的曝光补偿原则，通常应该增加1/3~1挡的曝光补偿。

调整曝光补偿时，还要考虑所拍摄场景中雾气面积这个因素，面积越大意味着场景越亮，就越应该增加曝光补偿；若面积很小，则不必增加曝光补偿。

▲ 增加曝光补偿使雾气更加洁白，并与若隐若现的梯田形成了虚实对比，使画面显得更加神秘、飘逸。『焦距：28mm；光圈：F7.1；快门速度：1/200s；感光度：ISO400』

善用景别使画面更有层次

由于雾气对光有强烈散射作用，雾气中的景物具有明显的空气透视效果，因此越远处的景物看上去越模糊。如果在构图时充分考虑这一点，就能够使画面具有明显的层次感。

因为雾气属于亮度较高的景物，因此当画面中存在暗调景物并与雾气相互交织时，能够使画面具有明显的层次和对比。

要做到这一点，首先应该选择用逆光进行拍摄，其次在构图时应该利用远景来衬托前景与中景，利用光线造成的前景、中景、远景之间不同的色调对比，使画面更具有层次。

▲ 在缭绕的雾气笼罩下，水面的倒影、雾气环绕的建筑和山脉，以及蓝天、白云，分别以程度不同的明暗色调出现在画面中，画面的层次十分丰富，使观者能够强烈地感受到画面广袤的空间感。『焦距：35mm；光圈：F8；快门速度：1/500s；感光度：ISO200』

拍摄日出、日落的技巧

日出、日落是许多摄影师最喜爱的拍摄题材之一，诸多获奖的摄影作品中也不乏以此为拍摄主题的照片，但由于太阳是非常明亮的光源，无论是对其测光还是曝光都有一定的难度，因此，如果不掌握一定的拍摄技巧，很难拍摄出漂亮的日出、日落照片。

选择正确的曝光参数是拍摄成功的开始

拍摄日出、日落时，较难掌握的是曝光控制。日出、日落时，天空和地面的亮度反差较大，如果对太阳测光，太阳及其周围的层次和色彩会有较好的表现，但会导致云彩、天空和地面上的景物因曝光不足而呈现出一片漆黑的景象；对地面上的景物测光，会导致太阳和周围的天空因曝光过度而失去色彩和层次。

正确的曝光方法是使用中心测光模式，对太阳附近的天空进行测光，这样不会导致太阳曝光过度，而天空中的云彩及地面景物也有较好的表现。

▲ 波光粼粼的水面丰富了夕阳画面，拍摄时适当减少曝光补偿，使波光更明显。『焦距：200mm；光圈：F10；快门速度：1/125s；感光度：ISO100』

用云彩衬托太阳使画面更辉煌

拍摄日出、日落时，云彩是很重要的表现对象，无论是太阳在云中还是云在太阳旁，云彩都会表现出异乎寻常的美丽色彩，从云彩中间或旁边透射出来的光线更应该是重点表现的对象。因此，拍摄日出、日落的最佳季节是春、秋两季，此时云彩较多，可增强画面的艺术感染力。

▶ 云彩呈放射状，被阳光染成金黄色，画面看起来很有气势，张力十足。『焦距：18mm；光圈：F8；快门速度：1/125s；感光度：ISO100』

用合适的陪体为照片添姿增色

从画面构成来讲，拍摄日出、日落时，不要直接将镜头对着天空，这样拍摄的照片太过于单调。拍摄时可以选择树木、山峰、草原、大海、河流等景物作为前景，以衬托日出、日落时特殊的氛围。尤其是以树木等景物作为前景时，树木可以呈现出漂亮的剪影效果。阴暗的前景能和较亮的天空形成鲜明的对比，从而增强画面的形式美感。

如果要拍摄的日出或日落的场景中有水面，可以在构图时选择天空、水面各占一半的形式，或者在画面中加大水面的区域，此时如果依据水面进行曝光，可以适当提高一挡或半挡曝光量，以抵消光线因水面折射而产生的损失。

▶ 画面中心的垂钓人，让画面变得生动，也起到了点明视觉中心点的作用。『焦距：24mm；光圈：F11；快门速度：1/160s；感光度：ISO200』

善用 RAW 格式为后期处理留有余地

大多数新手摄影师在拍摄日出、日落场景时，得到的照片要么是一片漆黑，要么是一片亮白，高光部分完全没有细节。因此，对于新手摄影师而言，除了在测光与拍摄技巧方面要加强练习外，还可以在拍摄时为后期处理留有余地，以挽回这种可能"报废"的片子，即将照片的保存格式设置为RAW格式，或者 RAW&JPEG 格式，这样拍摄后就可以对照片进行更多的后期处理，以便得到更完美的照片。

拍摄冰雪的技巧

运用曝光补偿准确还原白雪

由于雪的亮度很高，如果按照相机给出的测光值曝光，会造成曝光不足，使拍摄的雪呈灰色，所以拍摄雪景时一般都要增加 1~2 挡曝光补偿功能对曝光进行修正。也并不是所有的雪景都需要进行曝光补偿，如果所拍摄的场景中白雪的面积较小，则无须做曝光补偿处理。

▲ 未增加曝光补偿拍摄的画面

▲ 由于拍摄时增加了 1 挡曝光补偿，因此，整个画面十分明亮。『焦距：20mm；光圈：F9；快门速度：1/400s；感光度：ISO200』

用白平衡塑造雪景的个性色调

在拍摄雪景时，摄影师可以结合实际环境的光源色温进行拍摄，以得到洁净的纯白影调、清冷的蓝色影调或与夕阳形成冷暖对比影调，也可以结合相机的白平衡设置来获得独具创意的画面影调效果，以服务于画面的主题。

◀ 在日落时分，将白平衡设置为"荧光灯"模式，使画面色调呈现为淡紫色，营造出了一种梦幻的美感。『焦距：70mm；光圈：F9；快门速度：5s；感光度：ISO100』

雪地、雪山、雾凇都是极佳的拍摄对象

在拍摄开阔、空旷的雪地时，为了让画面更具有层次和质感，可以采用低角度逆光拍摄，使得远处低斜的太阳不仅为开阔的雪地铺上一层浓郁的色彩，还能将雪地细腻的质感凸显出来。

雪与雾一样，如果没有对比衬托，表现效果则不会太理想，因此在拍摄雪山与雾凇时，可以通过构图使山体上裸露出来的暗调山岩、树枝与白雪形成对比。

如果没有合适的拍摄条件，可以将注意力放在类似于花草这样随处可见的微小景观上，拍摄在冰雪中绽放的美丽花朵。

▲ 由于使用偏振镜过滤掉了天空中的杂色，提高了画面的饱和度，因此在蓝天背景的衬托下，冰挂显得更加洁白。『焦距：20mm；光圈：F16；快门速度：1/125s；感光度：ISO100』

选对光线让冰雪晶莹剔透

拍摄冰雪的最佳光线是逆光、侧逆光，采用这两种光线进行拍摄，能够使光线穿透冰雪，从而表现出冰雪晶莹剔透的质感。

光线穿透冰晶，使其在暗背景的衬托下显得很通透，清脆的质感生动逼真。
『焦距：60mm；光圈：F5.6；快门速度：1/800s；感光度：ISO320』

第 10 章
昆虫与宠物摄影技巧

选择合适的角度和方向拍摄昆虫

拍摄昆虫时，应注意拍摄角度的选择，在多数情况下，以平视角度拍摄能取得更好的效果，因为这样拍摄到的画面看起来十分亲切。

拍摄昆虫时，还应注意拍摄的方向。根据昆虫身体结构的特点，大多数情况下会选择从侧面拍摄，这样能在画面中看到更多的昆虫形体结构和色彩等特征。

不过也可以打破传统，从正面的角度进行拍摄，这样拍摄到的昆虫往往看起来非常可爱，很容易令人产生联想，使画面具有幽默的效果。

▲ 从这4张蝴蝶微距作品中可以看出，采用与蝴蝶翅膀平面垂直的角度拍摄的效果最好。

将拍摄重点放在昆虫的眼睛上

昆虫的眼睛有两种，一种是复眼，每只复眼都是由成千上万只六边形的小眼紧密排列组合而成的；另一种是单眼，结构极其简单，只不过是一个突出的水晶体。从摄影的角度来看，在拍摄昆虫时，无论是具有复眼的蚂蚁、蜻蜓、蜜蜂，还是具有单眼的蜘蛛，都应该将拍摄的重点放在昆虫的眼睛上。这样不但能够使画面中的昆虫显得更生动，而且还能够让人领略到昆虫眼睛的结构之美。

▲ 使用点测光对黄蜂的眼睛进行测光，得到具有强烈感染力的画面。
『焦距：180mm；光圈：F11；快门速度：1/80s；感光度：ISO200』

用高速连拍模式拍摄运动中的宠物

宠物不会像人一样有意识地配合摄影师的拍摄，其可爱、有趣的表情随时都可能出现，如果它处于跑动中，前一秒可能还在取景器的可视范围内，后一秒就可能已经从取景器中无法再观察到了。因此，如果拍摄的是运动中的宠物，或当这些可爱的宠物做出有趣的表情和动作时，要抓紧时间以连拍模式进行拍摄，从而实现多拍优选。

▲ 使用速度优先的连拍模式记录下猫咪打闹嬉戏的过程。

在弱光下拍摄要提高感光度

无论是室内还是室外，如果拍摄环境的光线较暗，就必须要提高感光度数值，以避免快门速度低于安全快门。使用 SONY α6600 相机在高感光度模式下拍摄时，抑制噪点的性能还算优秀，而且绝大多数摄影师拍摄的宠物类照片属于娱乐性质，而非正式的商业性照片，因此对照片画质的要求并不非常高，在这样的前提下，是可以较为大胆地使用 ISO1600 左右的高感光度进行拍摄的。

▲ 室内的光线较弱，拍摄小狗时为了获得安全快门，适当提高了 ISO 感光度，以使小狗形态清晰地呈现出来。『焦距：35mm；光圈：F4；快门速度：1/200s；感光度：ISO500』

逆光表现漂亮的轮廓光

轮廓光又称为"隔离光""勾边光"。当光线来自被拍摄对象的后方或侧后方时，通常会在其周围出现轮廓光。

如果在早晨或黄昏日落前拍摄宠物，可以运用这种方法为画面增加艺术气息。

拍摄时，要将宠物安排在深暗的背景前面，使明亮的边缘轮廓与灰暗的背景形成明暗反差。以点测光模式对准宠物的轮廓光边缘进行测光，以确保这一部分曝光准确，测光后重新构图，并完成拍摄。

▲ 傍晚的逆光勾勒出了狗的身形，并形成了将狗狗的毛发边缘表现得非常漂亮的轮廓光。『焦距：70mm；光圈：F5；快门速度：1/400s；感光度：ISO125 』

利用道具吸引小动物的注意

拍摄警惕心较高的宠物时，主人可以在一旁利用道具去吸引宠物们的注意力，待它们专注于道具或是很放松的时候，就可以在一旁放心地进行拍摄了，而且这时比较容易拍到精彩的画面。

为防止宠物一跃而起或者各种状况的发生，应提高快门速度，以免错过精彩瞬间。

▲ 努力和玩具小狗交流，却得不到回应，猫咪这样可爱的行为让人忍俊不禁。『焦距：50mm；光圈：F5；快门速度：1/400s；感光度：ISO400 』

第 11 章
建筑摄影技巧

合理安排线条使画面有强烈的透视感

拍摄建筑题材的作品时，如果要保证画面有真实的透视效果与较大的纵深空间，可以根据需要寻找合适的拍摄角度和位置，并在构图时充分利用透视规律。

在建筑物中选取平行的轮廓线条，如桥索、扶手、路基，使其在远方交汇于一点，从而营造出强烈的透视感，这样的拍摄手法在拍摄隧道、长廊、桥梁、道路等题材时最为常用。

如果所拍摄的建筑物体量不够宏伟、纵深不够大时，可以利用相机广角端来夸张地强调建筑物线条的变化，或在构图时选取排列整齐、变化均匀的对象，如一排窗户、一列廊柱、一排地面的瓷砖等。

▶ 利用广角端拍摄的走廊，由于透视的原因，其结构线条形成了向远处一点汇聚的效果，从而大大延伸了画面的视觉纵深，增强了画面的空间感。『焦距：18mm；光圈：F10；快门速度：1/50s；感光度：ISO400』

用侧光增强建筑的立体感

利用侧光拍摄建筑时，由于光线照射的原因，画面中会出现阴影或投影，建筑外立面的屋脊、挑檐、外飘窗、阳台均能够形成比较明显的明暗对比，因此能够很好地突出建筑的立体感和空间感。

要注意的是，此时最好以斜向 45° 的角度进行拍摄，从正面或背面拍摄时，由于只能够展示一个面，因此表现出的立体效果会不理想。

▶ 利用侧光拍摄具有地域特色的建筑，强烈的明暗对比将建筑的立体感表现得很突出。『焦距：200mm；光圈：F16；快门速度：1/100s；感光度：ISO100』

逆光拍摄勾勒建筑优美的轮廓

逆光对于表现轮廓分明、结构有形式美感的建筑非常有效，如果要拍摄的建筑环境比较杂乱且无法避让，摄影师就可以将拍摄的时间安排在傍晚，用天空的余光使建筑呈现出剪影效果。此时，太阳即将落下，也是夜幕将至、华灯初上之时，拍摄出来的画面中不仅有大片的深色调区域，还伴有星星点点的色彩与灯光，使画面明暗平衡、虚实相衬，而且略带神秘感，能够引发观众的联想。

在实际拍摄时，只需要针对天空中的亮处进行测光，建筑物就会由于曝光不足而呈现为黑色的剪影效果。如果按此方法得到的是半剪影效果，可以通过降低曝光补偿使暗处更暗，从而使建筑物的轮廓更明显。

▲ 夕阳西下，以美丽的天空为背景进行逆光拍摄，可使被拍摄建筑呈现出美妙的剪影效果，画面简洁且有形式美感。

室内弱光拍摄建筑精致的内景

在拍摄建筑时，除了拍摄宏大的整体造型及外部细节之外，也可以进入建筑物内部拍摄内景，如歌剧院、寺庙、教堂等建筑物内部都有许多值得拍摄的细节。由于室内的光线较暗，在拍摄时应注意快门速度的选择，如果快门速度低于安全快门，应适当调大几挡光圈。当然，提高 ISO 感光度、开启防抖功能，也都是防止成像模糊的有效办法。

▲ 使用广角镜头拍摄建筑内部的精美结构，给人一种华美感，拍摄时注意避免快门速度过慢而导致画面模糊。『焦距：18mm；光圈：F8；快门速度：1/80s；感光度：ISO1000』

利用建筑结构的韵律塑造画面的形式美感

由于建筑自身的特点，我们见到的大多数建筑都具有形式美感。例如，直上直下的建筑显得简洁、明快；造型多变的建筑虽然看起来复杂但具有结构美感；线条流畅的建筑则会展现出韵律与节奏，这样的建筑犹如凝固的乐符一般让人过目难忘。

在拍摄建筑时，如果能抓住建筑结构所展现的形式美感进行表现，就能拍摄出非常优秀的作品。在拍摄这样的照片时，既可从整体着眼，又可以从局部入手进行拍摄。

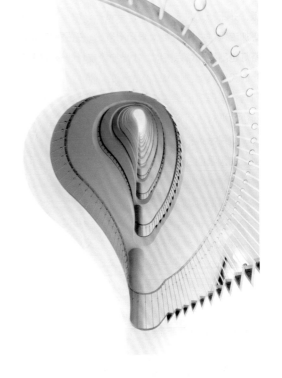

▶ 采用仰视角度拍摄旋转楼梯，简洁的线条和合理安排的结构使画面具有很强的形式美感。『焦距：24mm；光圈：F7.1；快门速度：1/60s；感光度：ISO640』

通过对比突出建筑的体量

在没有对比的情况下，很难通过画面直观判断出这个建筑的体量。因此，如果在拍摄建筑时希望体现建筑宏大的气势，就应该在画面中加入容易判断大小体量的元素，从而通过大小对比来表现建筑的气势，最常见的元素就是建筑物周边的行人或者大家比较熟知的其他小型建筑。总而言之，就是用大家知道体量的景物或人来对比突出建筑物的体量。

▶ 将行人、车辆纳入画面，让它们与建筑物形成对比，使观者可以直观地感受到建筑的雄伟。『焦距：15mm；光圈：F8；快门速度：1/200s；感光度：ISO100』

拍摄蓝调天空夜景

　　要表现城市夜景，等天空完全黑下来后才去拍摄，并不一定是个好选择，虽然那时城市里的灯光更加璀璨。实际上，当太阳刚刚落山、夜幕即将降临、路灯也刚刚开始点亮时，才是拍摄夜景的最佳时机。此时天空具有更丰富多彩的颜色，通常是蓝紫色，而且在这段时间拍摄夜景，天空的余光能勾勒出天际边被摄对象的轮廓。

　　如果希望拍摄出深蓝色调的夜空，应该选择一个雨过天晴的夜晚，由于大气中的粉尘、灰尘等物质经过雨水的冲刷而降落到地面上，使得天空的能见度提高而变为纯净的深蓝色。此时，带上拍摄装备去拍摄天完全黑透之前的夜景，会获得十分理想的画面效果，画面将呈现出醉人的蓝色调，让人觉得仿佛走进了童话故事里的世界。

▶ 傍晚拍摄的画面，此时天空的色调偏冷。为了增强画面中天空的蓝调氛围，可以将色温值设为一个较低的数值。『焦距：22mm；光圈：F6.3；快门速度：40s；感光度：ISO200』

利用水面拍出极具对称感的夜景建筑

　　在上海隔着黄浦江能够拍摄到漂亮的外滩夜景，而在香港则可以在香江对面拍摄到点缀着璀璨灯火的维多利亚港，实际上国内类似这样临水而建的城市还有不少，在拍摄这样的城市时，利用水面拍出极具对称效果的夜景建筑是一个不错的选择。夜幕下城市建筑群的璀璨灯光，会在水面上反射出五颜六色的、长长的倒影，不禁让人感叹城市的繁华与时尚。

　　要拍出这样的效果，需要选择一个没有风的天气，否则在水面被风吹皱的情况下，倒影的效果不会太理想。

　　此外，要把握曝光时间，其长短对于最终的画面效果影响很大。如果曝光时间较短，在水面的倒影中能够依稀看到水流的痕迹；而较长的曝光时间能够将水面拍成如镜面一般平整。

▲ 采用水平对称的构图形式拍摄岸边的建筑画面，给人十分宁静的感觉，暖色的灯光与蓝色的天空、水面形成了强烈的对比，增强了画面的视觉冲击力。『焦距：16mm；光圈：F8；快门速度：15s；感光度：ISO200』

长时间曝光拍摄城市动感车流

使用慢速快门拍摄车流经过的长长的光轨，是绝大多数摄影师喜爱的城市夜景题材。但要拍出漂亮的车灯轨迹，对拍摄技术有较高的要求。

很多摄友拍摄城市夜晚车灯轨迹时常犯的错误是选择在天色全黑时拍摄，实际上应该选择在天色未完全黑暗时进行拍摄，这时的天空有宝石蓝般的色彩，拍出的照片中的天空才会漂亮。

如果要让照片中的车灯轨迹呈迷人的S形线条，拍摄地点的选择很重要，应该在能够看到弯道的地点进行拍摄，如果在过街天桥上拍摄，那么出现在画面中的灯轨线条必然是在远方交汇的直线条，而不是S形线条。

拍摄车灯轨迹一般选择快门优先模式，并根据需要将快门速度设置为30s以内的数值（如果要使用超出30s的快门速度进行拍摄，则需要使用B门）。在不会过曝的前提下，曝光时间的长短与最终画面中车灯轨迹的长度成正比。

使用这一拍摄技巧，还可以拍摄城市中其他有灯光装饰的景物，如摩天轮、音乐喷泉等，使运动中的发光对象在画面中形成光轨。

▲画面中的车流呈现出曲线，顺畅的线条使画面具有极强的动感与韵律。『焦距：18mm；光圈：F11；快门速度：20s；感光度：ISO100』

光线摄影